Gutachten

über die Elektrifizierung der Strecke Wien—Salzburg

erstattet an den

Herrn Bundesminister für Handel und Verkehr

von dem hiezu bestellten

Sachverständigenkollegium.

Wien, Juni 1928.

ISBN 978-3-7091-9761-5 ISBN 978-3-7091-5022-1 (eBook)
DOI 10.1007/978-3-7091-5022-1

Sachverständigenkollegium

Oberbaurat Ing. Robert Findeis,
o. ö. Professor für Eisenbahnbau und -betrieb an der Technischen Hochschule Wien

Oberbaurat Ing. Moriz Gerbel,
behördl. aut. und beeid. Zivilingenieur für Maschinenbau und Elektrotechnik

Oberbaurat Ing. Dr. Leopold Oerley,
o. ö. Professor für Straßen-, Eisenbahn- und Tunnelbau,
Rektor der Technischen Hochschule Wien

Minister a. D. Dr. Richard Reisch,
Präsident der Oesterreichischen Nationalbank,
Professor für politische Ökonomie an der Universität Wien

Sektionschef a. D. Ing. Johann Rihosek,
Honorardozent für Lokomotivbau an der Technischen Hochschule Wien

Ministerialrat a. D. Ing. Karl Schäffer,
ehem. Vorstand des Departements für Zugförderungsdienst im Bundesministerium
für Handel und Verkehr

Sektionschef a. D. Ing. Eduard Scheichl,
ehem. Vorstand des Departements für Starkstromtechnik im Bundesministerium
für Handel und Verkehr

Dr.-Ing. Engelbert Wist,
o. ö. Professor für elektrische Kraftbetriebe und Bahnen, Erzeugung und
Verteilung elektrischer Energie an der Technischen Hochschule Wien

Inhalts-Verzeichnis.

Abkürzungen.

Betr. km = Betriebskilometer
S/km = Schilling je Kilometer
km/h = Kilometer je Stunde (Geschwindigkeit)
t = Tonne (1000 kg)
tkm = Tonnenkilometer
Brtkm = Brutto-Tonnenkilometer (Anhängelast)
Lok.-km = Lokomotiv-Kilometer
Lok.-tkm = Lokomotiv-Tonnenkilometer
kg/t = Kilogramm je Tonne (Fahrwiderstand)
KV = Kilovolt (1000 Volt)
KVA = Kilovolt-Ampère
KW = Kilowatt = 1000 Watt (Leistung)
Wh = Wattstunden (Arbeit)
KWh = Kilowattstunden = 1000 Wh (Arbeit)
PS_ih = Indizierte Pferdekraftstunde (Arbeit)
Wh/tkm = Wattstunden je Tonnenkilometer
EK = Effektivkohle (jeweils gelieferte Kohle mit etwa 3500 bis 7500 Wärmeeinheiten, somit ohne Rücksicht auf Marke, Sorte und Verdampfungswert)
NK = Normalkohle (bei den österreichischen Eisenbahnen übliche Vergleichs- oder Umrechnungsgröße für eine ideelle Kohle, von welcher 1 kg 4·4 Liter Wasser verdampft, somit entsprechend einer Braunkohle mittlerer Güte mit etwa 4400 Wärmeeinheiten)
Zgf. A. = Zugförderungsarbeit
S = Schnell-, D-, Expreß- und Luxuszüge
P = Fern- und Nahpersonenzüge
G = Güterzüge aller Art
T_d = Doppel-Triebwagenzüge
T_e = Einfach-Triebwagenzüge

Die eingangs angeführten Sachverständigen wurden vom Herrn Bundesminister für Handel und Verkehr mit Schreiben vom 18. Februar 1928, Zahl 33.480/22 aufgefordert, ein Gutachten in Angelegenheit der allfälligen Fortsetzung der Elektrifizierungsaktion der Österreichischen Bundesbahnen abzugeben. Diesem Auftrage war ein Fragebogen angeschlossen, welcher im Anhang unter A wiedergegeben ist.

Im Verfolge dieses Auftrages haben die Sachverständigen die elf vorgelegten Fragen einem eingehenden Studium unterzogen. Ihre Antworten werden im Abschnitte II der Reihenfolge nach angeführt, während sich die zugehörigen Begründungen im Anhang unter B vorfinden.

Den Sachverständigen ist jedoch mit der Aufforderung zur Gutachtertätigkeit vom Bundesminister für Handel und Verkehr auch der vom Verkehrsausschusse des Nationalrates gefaßte Beschluß, auf Grund dessen das vorliegende Gutachten veranlaßt wurde, zur Kenntnis gebracht worden. Laut diesem Beschlusse wird die Regierung aufgefordert, „das gesamte vorliegende Material überprüfen zu lassen". Die Sachverständigen glaubten daher im Interesse der Sache zu handeln, wenn sie über den Rahmen der elf gestellten Fragen hinaus auch die grundlegende Frage der Rentabilität der Elektrifizierung der Strecke Wien—Salzburg in ihrem Gutachten bearbeiten; dies umsomehr, als im Zuge der Bearbeitung der vorgelegten elf Fragen viele der für die Rentabilität in Frage kommenden Faktoren ohnedies teils Gegenstand, teils Voraussetzung der Arbeit waren.

Die Sachverständigen haben das ihnen übergebene Material überprüft und die Daten, welche in der Denkschrift des Vorstandes der Österreichischen Bundesbahnen enthalten sind, soweit sie sie für richtig befunden haben, als Grundlage ihrer Arbeit verwendet. Vervollständigungen oder Abänderungen dieser Daten beruhen entweder auf ergänzenden Mitteilungen der Generaldirektion der Österreichischen

Bundesbahnen oder auf Sondererfahrungen einzelner Sachverständiger. Belangreiche Abweichungen dieser Art sind in den bezüglichen Begründungen des Anhanges erklärt.

Die Bearbeitung wichtigerer Einzelgebiete erfolgte nach allgemeiner Vorberatung durch die dem Sachverständigenkollegium angehörigen Sonderfachleute. Die so zustande gekommenen Teilentwürfe wurden sodann in Vollsitzungen des Gutachterkollegiums durchberaten; hiebei wurden allfällige Einwendungen und Ergänzungsvorschläge unter besonderer Würdigung der Meinung der Fachvertreter bei Feststellung der endgültigen Fassung berücksichtigt. In den wenigen Fällen, in welchen auf diesem Weg eine Übereinstimmung nicht erzielt werden konnte, sind die geäußerten Sonderauffassungen unter Nennung der Namen getrennt angeführt. Auch bei den wichtigeren fachlichen Ausarbeitungen sind jene Sachverständige, welche die grundlegende Ausarbeitung durchgeführt haben, als Hauptreferenten kenntlich gemacht.

I. Einleitung.

Bevor auf die elf Fragen selbst eingegangen wird, sind einige für die Beurteilung des vorliegenden Gutachtens maßgebende Erwägungen vorauszuschicken.

Die Aufstellung der elf Fragen entspricht dem Vorgange des Vorstandes der Österreichischen Bundesbahnen, welcher in Einzeluntersuchungen einerseits über den notwendigen Kapitalsaufwand, andererseits über die entfallenden und zuwachsenden Betriebskosten im Falle der Elektrifizierung gipfelt.

Die Beantwortung der erwähnten Fragen dient dem Rentabilitätsvergleiche des elektrischen Betriebes mit dem bestehenden Dampfbetrieb auf der Strecke Wien—Salzburg unter Zugrundelegung einer 20%igen Verkehrssteigerung gegenüber 1926 für beide Betriebsarten. Die Verzinsung der für die Elektrifizierung benötigten Gelder wurde hiebei nach der allerdings nur schätzungsweisen Annahme der Bundesbahnen mit 7·3% in Rechnung gestellt und die Amortisationsdauer mit 30 Jahren veranschlagt, woraus sich eine Annuität von 8·26% ergibt.

Vergleichende Rentabilitätsberechnungen für Neuanlagen verschiedener Systeme weisen eine Anzahl von gleichartigen Faktoren auf, die für die beiden Vergleichsobjekte in ganz gleicher Weise zu berücksichtigen sind. Die Höhe der Amortisation und Verzinsung ist z. B. in diesem Falle lediglich eine Frage der Anwendung eines angemessenen Prozentsatzes. Ganz anders verhält es sich in allen Fällen, wo eine vorhandene Anlage durch eine solche anderen Systems ersetzt werden soll, so daß für die Rentabilitätsberechnung einerseits ein alter, mehr oder weniger abgeschriebener Bestand an Betriebsmitteln verschiedensten Alters, andererseits ein Park vollkommen neuer Betriebsmittel zu Grunde zu legen ist. Hier muß über die Verwertung der vorhandenen, zur Auswechslung kommenden Betriebsmittel eine Annahme gemacht werden. In dem vorliegenden Fall ist hinsichtlich der Verwertung des Dampflokomotivparkes angenommen worden, daß ein Teil der Dampflokomotiven auf den anderen Bundesbahnstrecken Verwendung finden kann, während der Rest in irgend einer Form veräußert wird. (Siehe Beantwortung der Frage 7.)

Weiters war, wie bereits erwähnt, dem Umstande Rechnung zu tragen, daß das Elektrifizierungsprogramm einer 20%igen Verkehrssteigerung angepaßt werden soll: Nun ist der Dampfbetrieb selbstverständlich nur für den bisherigen Verkehr eingerichtet, so daß die angenommene Verkehrssteigerung erst nach Durchführung entsprechender Erweiterungen im Dampfbetriebe bewältigt werden könnte. Die Lösung dieser Frage erfolgte in der Weise, daß die bisher noch nicht aufgewendeten Kosten dieser Erweiterung bei der Vergleichsrechnung berücksichtigt wurden. Bei der Frage 7 ergibt sich daher, daß unter der Annahme eines verstärkten Verkehres die bisher vorhandenen Dampflokomotiven vermehrt werden müßten; das führt dann zu der Folgerung, daß als Rückgewinn aus dem infolge der Elektrifizierung freiwerdenden Dampffahrpark auch Lokomotiven in Rechnung gestellt werden müssen, die überhaupt noch nicht vorhanden sind.

Für den Vergleich ist es notwendig, daß man die elektrisch betriebene Strecke Wien—Salzburg als einen selbständigen Teil im Rahmen des großen Gesamtunternehmens der Österreichischen Bundesbahnen betrachtet. Aber der bestehende innige Zusammenhang aller der Leitung der Österreichischen Bundesbahnen unterstehenden Linien bietet andere Möglichkeiten der Verwertung der durch die Elektrifizierung freiwerdenden Betriebsmittel und Mannschaften, als wenn ein solcher Zusammenhang nicht gegeben wäre; dies zieht verschiedenerlei vermögensrechtliche Wirkungen und Kostenverschiebungen nach sich, die bei der Durchführung eines Vergleiches berücksichtigt werden müssen.

Eine besondere Beachtung erfordert bei der Beurteilung des Rentabilitätsvergleiches aber auch das eigenartige Rechtsverhältnis zwischen dem Wirtschaftskörper „Österreichische Bundesbahnen" und dem Bunde sowie die von diesem Wirtschaftskörper verwendete Form der Rechnungsführung. Nach § 2 des Gesetzes vom 19. Juli 1923, BGBl. Nr. 407 obliegt dem Wirtschaftskörper die treuhändige Verwaltung des gesamten Vermögens der Bundesbahnen. Dieses Vermögen war bei der Gründung des Wirtschaftskörpers praktisch als fast schuldenfrei zu betrachten, da laut der Golderöffnungsbilanz für den 1. Jänner 1925 bei einem Gesamtvermögenswerte von rund S 2.818,782.000·— nur rund S 87,790.000·— Anlageschulden — von den Investitionen für den elektrischen Betrieb abgesehen — vorhanden waren. Die Bundesbahnen waren daher rücksichtlich dieses ganzen Vermögens zu fast gar keinem Kapitals- oder Schuldendienste verpflichtet. Diese Sachlage wird jedoch bei Durchführung großer Investitionen eine ganz andere: Die Bundesbahnen haben in diesem Falle nicht nur ein bereits vorhandenes Vermögen zu verwalten, sondern sie müssen außerdem noch einen beträchtlichen Vermögenszuwachs zu Gunsten des Bundes aus den Betriebsergebnissen selbst zur Existenz bringen, zu diesem Behufe Schulden eingehen und dieselben innerhalb bestimmter Frist amortisieren.

Durch jede im Anleihewege bedeckte Investition — und die Elektrifizierung ist vorläufig die bedeutendste Neuanlage dieser Art — werden die Bundesbahnen aus einem nahezu schuldenfreien Unternehmer in einen vorübergehend mit amortisablen Schulden belasteten Unternehmer verwandelt. Die wirtschaftliche und bilanzmäßige Situation ist aber in diesen beiden Fällen eine wesentlich verschiedene: Während die Einrichtung für den Dampfbetrieb, insolange Anleihen für die Erneuerung von Oberbau, Fahrpark ꝛc. nicht aufgenommen werden, lediglich treuhändig verwaltet werden muß, herrschen nach Beschreitung des Anleiheweges und somit ganz besonders nach Übergang zum elektrischen Betrieb ähnliche Verhältnisse, wie sie früher zwischen dem Staat und den konzessionierten Privatbahnen bestanden haben *).

Hiebei muß noch eine besondere Eigenart der Elektrifizierungsanleihen gegenüber anderen Investitionsanleihen hervorgehoben werden. Anleihen zwecks Erneuerung von Oberbau, Fahrpark, Betriebseinrichtungen ꝛc. kommen in der Regel dem ganzen Bahnnetz oder wenigstens einem großen Teile desselben zugute, während sich eine Elektrifizierungsanleihe in ihrer Auswirkung immer nur auf eine einzige oder nur auf wenige Bahnlinien erstreckt.

Die Rentabilität des Dampfbetriebes und des elektrischen Betriebes stellen sich daher aus mancherlei Gründen als nicht ohneweiters vergleichbare Größen dar. Diese Ungleichartigkeit kann nur durch Aufstellung von Fiktionen beseitigt werden. Die Sachverständigen glaubten nichtsdestoweniger, nur die tatsächlich bestehenden Verhältnisse mit den in Zukunft wirklich zu gewärtigenden Ergebnissen vergleichen zu dürfen. Hiedurch soll jedoch in keiner Weise verkannt werden, daß sich außerhalb dieses Vergleichsgebietes aus der Elektrifizierung der Linie Wien—Salzburg auch noch eine weitere wertvolle Veränderung der heute bestehenden Verhältnisse, nämlich eine Vermehrung des in den Bundesbahnen investierten Vermögens des Bundes infolge der besseren Ausgestaltung dieser Linie, ergibt.

Außer dieser eigenartigen, den Kapitalsdienst betreffenden Verschiedenheit in der Rechnungsführung über den bisherigen Dampfbetrieb einerseits und den elektrischen Betrieb andererseits ergeben sich aber auch aus der Rechnungsführung über den laufenden Betrieb Schwierigkeiten für die Aufstellung einer Vergleichsrechnung. Wenngleich die Bundesbahnen seit dem Jahr 1923 endlich ihre Rechnungsführung nach den Grundsätzen der doppelten Buchhaltung eingerichtet haben, so entspricht dieselbe doch noch nicht jenen Anforderungen,

*) Die eingehendste Darstellung über die sich für letztere hiebei ergebenden bilanzrechtlichen, volks- und privatwirtschaftlichen Unterschiede findet sich in dem Buche „Bilanz und Steuer" von Reisch-Kreibig, 3. Auflage, Wien 1915, Band II, Seite 47 bis 60, 95 und 96, 241 bis 250, 260 bis 272.

welche zur Erlangung genügender Übersicht über die für den Vergleich wichtigen Faktoren gestellt werden müssen.

Die Bundesbahnen führen beispielsweise nicht buchmäßige Abschreibungen durch, welche der Entwertung der Fahrbetriebsmittel Rechnung tragen, sondern nehmen von Zeit zu Zeit zu Lasten des Betriebes Ersatznachschaffungen vor; dadurch wird die Erhaltung des ursprünglichen Vermögensstandes vom arbiträren Ermessen der Vermögensverwalter und der zufälligen Gestaltung der Ertragsrechnung abhängig*). Das bietet rücksichtlich des Vermögenswertes der Fahrbetriebsmittel der Bundesbahnen die Schwierigkeit, festzustellen, welche Differenzen zwischen dem ursprünglichen Werte dieser Fahrbetriebsmittel, beziehungsweise den Nachschaffungskosten derselben einerseits und dem derzeitigen Werte derselben andererseits bestehen.

Die Sachverständigen sind der Überzeugung, daß die Rentabilitätsberechnung bei einer Eisenbahnunternehmung genau sowie bei jeder anderen Unternehmung nur dann richtig ist, wenn — ganz abgesehen von den jeweils erforderlichen Reparaturen — alljährliche Abschreibungen berücksichtigt werden, die der durch die Benützung und Veraltung der Betriebsgegenstände eintretenden Entwertung Rechnung tragen, oder aber, wenn der der Abschreibung entsprechende Betrag zu Erneuerungen, welche die wirtschaftlichen Folgen der Entwertung ausgleichen, fortlaufend aufgewendet wird. Nur unter dieser Voraussetzung kann die Bilanz jederzeit den richtigen Vermögenswert der Betriebsgegenstände zur Nachweisung bringen. Der eindeutige Zweck der Abschreibungen beziehungsweise der Erneuerungsquote ist, den Wert jenes vorhandenen Vermögens, welcher der Anfangsbilanz zu Grunde liegt, ungeschmälert zu erhalten. Dies ist beim Dampfbetriebe der Bundesbahnen der Zeitwert der vorhandenen Dampflokomotiven, wie er der Eröffnungsbilanz zu Grunde liegt und wie er für die von dem Wirtschaftskörper „Österreichische Bundesbahnen" übernommene Verpflichtung eines treuhändigen Verwahrers ausschließlich in Betracht kommt. Hin-

---

*) Vergleiche hiezu „Die wirtschaftliche Bedeutung des Verrechnungswesens speziell bei Staatsbetrieben" von Dr. Richard Reisch, Wien, Manz, 1912, insbesondere S. 20 ff.

gegen läßt der elektrische Betrieb in seiner Eröffnungsbilanz den Neuwert der Fahrbetriebsmittel aufscheinen; er ist nach wirtschaftlich richtigen Grundsätzen auch zu erhalten, denn von einem Ertrage kann erst bei ungeschmälertem Bestande des Vermögens gesprochen werden. Es läßt sich aber nicht verkennen, daß hiedurch dem elektrischen Betriebe höhere wirtschaftliche Aufgaben — die Erhaltung des Neuwertes — gesetzt würden, als dem Dampfbetriebe, welchem nur die Erhaltung des Zeitwertes obliegt, was die Vergleichsbasis zu Ungunsten der Elektrifizierung verschieben würde. Aus diesem Grunde, weiters weil die neuen elektrischen Fahrbetriebsmittel in den ersten Jahren nur wenig Ersatznachschaffungen erheischen und daher eine vorübergehende Fruktifizierung der Rücklagen möglich machen werden, hielten es die Sachverständigen für angemessen, in die Vergleichsrechnung über die Rentabilität die perzentuelle Erneuerungsquote für die in Betracht gezogene dreißigjährige Tilgungsfrist der Anleihe für den Elektrofahrpark entsprechend niedriger einzusetzen.

Bei Ausführung einer jeden größeren Neuanlage im Rahmen eines großen Wirtschaftsunternehmens muß schließlich auch noch sorgfältig erwogen werden, wie sich die bezügliche Investition in den Rahmen der gesamten Erfordernisse des Unternehmens einfügt. Im vorliegenden Falle muß die Frage der Elektrifizierung der Strecke Wien—Salzburg insbesonders im Zusammenhange mit den Erfordernissen hinsichtlich der Notwendigkeit gewisser Bahnhofsumbauten (Wels, Linz) und in bezug auf Oberbauerneuerung und -verstärkung beurteilt werden. Damit den bei Aufrechterhaltung des Betriebes auszuführenden Bahnhofsumbauten keine unnötigen Schwierigkeiten erwachsen, sowie im Interesse der Vermeidung unnützer (allerdings nicht wesentlicher) Mehrkosten infolge späterer Leitungsumlegungen, ist es notwendig, daß die bezüglichen Pläne für die wichtigsten in Betracht kommenden Baustadien tunlichst ausgereift vorliegen.

Hinsichtlich Oberbauerneuerung und -verstärkung wäre es ein Fehler, wenn die Lokomotivbeschaffung für den elektrischen Betrieb der Strecke Wien—Salzburg sowie bisher an den geringen zulässigen Achsdruck von 14·5 bis 16 t gekettet würde. Die fortschreitende Entwicklung des Eisenbahnbetriebes führt fortgesetzt zu immer höheren Achsdrücken und die Sachverständigen haben deshalb auch bezüglich der neu zu beschaffenden Elektrolokomotiven solche robuster Bauart mit einem größten Achsdruck von 18 t vorausgesetzt. Für diese Beanspruchung im Zusammenhange mit Fahrgeschwindigkeiten bis zu 110 km pro Stunde muß der Oberbau der Strecke Wien—Salzburg geeignet sein, beziehungsweise umgebaut werden, wo es erforderlich ist. Das zur Zeit auf der Strecke Wien—Salzburg vorherrschende Oberbausystem ist jenes der Schienenform A mit dem Gewichte von zirka 42 kg je laufenden Meter Länge; es ist den obenerwähnten Betriebsbeanspruchungen besonders beim elektrischen Betriebe gewachsen und die Verwendung der in Aussicht genommenen Lokomotiven von 18 t Achsdruck (wie solche übrigens auch für den Dampfbetrieb der Strecke Wien—Salzburg bereits bestellt worden sind) erfordert lediglich die Vollendung der schon seit Jahren im Zuge befindlichen Umstellung der Strecke Wien—Salzburg auf das Oberbausystem A, wofür nur mehr verhältnismäßig geringe Geldmittel erforderlich sind und die auch ohne Übergang zum elektrischen Betrieb im Interesse einer zeitgemäßen Entwicklung des Dampfbetriebes planmäßig aufgewendet werden müßten.

Es liegt im Wesen der Entwicklung des Eisenbahnbetriebes, daß Fahrpark, Oberbau und Brücken immer höheren Achsdrücken zustreben und so ist es auch verständlich, daß selbst das Oberbausystem A in Zukunft durch ein noch stärkeres System (etwa das der Schienenform S 49 der deutschen Reichsbahn, 49 kg pro Meter) abgelöst werden wird. Dieser Übergang wird sich aber nur nach Maßgabe der Auswechslungsnotwendigkeit infolge Abnützung der Schienen und Weichen der Form A im Rahmen eines großen Investitionsplanes vollziehen und ist für den elektrischen Betrieb, wie er von den Sachverständigen vorgeschlagen wird, keine notwendige Voraussetzung.

II.

Beantwortung des Fragebogens.

Beantwortung der Frage 1.

(Kostenaufwand für Schwachstromleitungen.)

Der Kostenaufwand für Schwachstromleitungen ist mit S 16,800.000·— anzunehmen.

Begründung (zugleich auch zu den Posten 7 und 8 der Kapitalsrechnung) siehe Seite 71 des Anhanges.

Beantwortung der Frage 2.

(Zahl und Kosten der Unterwerke.)

Die Energieverteilung erfolgt am günstigsten mit Hilfe von fünf Unterwerken. Die Frage bezüglich der Verbindung mit den bestehenden Bahnkraftwerken wird bei der Beantwortung der Frage 9 behandelt.

Die Anlagekosten der fünf Unterwerke wurden mit S 5,500.000·— ermittelt.

Begründung siehe Seite 75 des Anhanges.

Beantwortung der Frage 3.

(Ersatzteile.)

Die Erstbeschaffung einer angemessenen Menge von Ersatzteilen ist dem Kapitalsaufwand zuzurechnen, dagegen ist deren Erhaltung auf einem ständig gleichen Stand aus dem Betriebe zu bedecken.

Begründung siehe Seite 80 des Anhanges.

Beantwortung der Frage 4.

(Perzentsatz für „Unvorhergesehenes".)

Der Zuschlag für „Unvorhergesehenes" wurde von den Sachverständigen mit rund 9%, bezogen auf den gesamten Kapitalsaufwand, angenommen.

Begründung siehe Seite 81 des Anhanges.

Beantwortung der Frage 5.

(Anlagekosten.)

Die Beantwortung der Frage 5 ergibt sich aus der in der Kapitalsrechnung ersichtlich gemachten Gesamtaufstellung über den zur Elektrifizierung der Strecke Wien—Salzburg erforderlichen Kapitalsaufwand — siehe Tabelle A, Seite 26 — und aus den zugehörigen Begründungen.

Beantwortung der Frage 6.

(Frachtsätze.)

Die Sachverständigen halten in der Verrechnung der Bundesbahnen mit den Lieferfirmen die Anrechnung der vollen Frachtsätze für gerechtfertigt.

Es ist wahrscheinlich, daß bei Verrechnung dieser Sätze die Bundesbahnen einen Vorteil erzielen, der sodann als eine Gegenpost für das von der Elektrifizierung erforderliche Anlagekapital betrachtet werden könnte.

Diese Abzugspost ist jedoch von so geringer Größe, daß sie sowohl für die Berechnung der Bausumme, als auch für die Rentabilitätsberechnung vernachlässigt werden kann.

Begründung siehe Seite 83 des Anhanges.

Beantwortung der Frage 7.

(Bewertung der freiwerdenden Fahrzeuge vom Dampfbetriebe.)

Von dem für die Elektrifizierung erforderlichen Gesamtkapital ist der Jetztwert der gegenwärtig im Betriebe befindlichen Dampflokomotiven in Abzug zu bringen, u. zw.:

a) für jene Dampflokomotiven, welche auf den übrigen Strecken der Bundesbahnen Verwendung finden können, der Zeitwert;

b) für jene Dampflokomotiven, welche auf den übrigen Strecken der Bundesbahnen keine Verwendung finden können, ein angemessener Verkaufswert.

Hinsichtlich jener Dampflokomotiven, welche für die in Aussicht genommene 20%ige Verkehrssteigerung über den Stand der gegenwärtig im Betriebe befindlichen Lokomotiven hinaus erforderlich werden, ist der Neuwert in Rechnung zu setzen.

Begründung siehe Seite 85 des Anhanges.

Die Sachverständigen Scheichl und Wist bemerken zur obigen Beantwortung der Frage 7, daß ihrer Ansicht nach die Summe aus dem obengenannten Zeitwert und dem kapitalisierten Werte des jährlichen Erneuerungsbetrages dem Neuwerte gleichkommen müsse, wenn es sich — wie im vorliegenden Fall — um einen Lokomotivpark handelt, der aus Stücken der verschiedensten Jahrgänge zusammengesetzt ist; gleichwohl schließen sie sich dem von den übrigen Sachverständigen errechneten Ergebnis an, welches in der Weise erreicht wird, daß in der Vergleichsrechnung ein Erneuerungsbetrag von S 1,610.000·— zur Einsetzung kommt.

Beantwortung der Frage 8.

(Kohlentransportkosten.)

Bei Einführung des elektrischen Betriebes auf der Linie Wien—Salzburg wird an Frachtkosten für den Lokomotivbrennstoff ein Betrag von .... S 1,034.000·—
erspart, welche Summe die in Wegfall kommenden Selbstkosten der Lokomotivbrennstoffzufuhr darstellt.

Begründung siehe Seite 93 des Anhanges.

Beantwortung der Frage 9.

(Energiebedarf, Energiebedeckung, Energiekosten.)

Der gesamte Energiebedarf der Linie Wien—Salzburg beim Stromeintritt in die Unterwerke beträgt für den um 20% erhöhten Verkehr des Jahres 1926 unter Zugrundelegung der von den Österreichischen Bundesbahnen angenommenen hohen Fahrgeschwindigkeiten rund

100 Millionen Kilowattstunden.

Von dieser Energiemenge können 35 Millionen KWh nach Ausführung verhältnismäßig geringfügiger Erweiterungsbauten aus den schon bestehenden Kraftwerken westlich von Salzburg bedeckt werden, während die restlichen 65 Millionen KWh aus bestehenden oder neu zu erbauenden Kraftwerken östlich von Salzburg bezogen werden müssen.

Die Stromkosten stellen sich für die erst angeführte Energiemenge auf g 4·05 je KWh und können für die an zweiter Stelle genannte Energiemenge mit g 6·3 je KWh geschätzt werden.

Der gesamte Jahresaufwand für elektrische Energie beträgt daher:

35 Millionen KWh	je 4·05 g	=	S 1,420.000·—
65 „ „	„ 6·3 „	=	„ 4,095.000·—
Somit Energiekosten insgesamt			S 5,515.000·—

Begründung siehe Seite 95 des Anhanges.

Beantwortung der Frage 10.

(Unterschied in den Instandhaltungskosten des Triebfahrzeugparkes bei Dampfbetrieb und bei elektrischem Betriebe.)

Die jährlichen Kosten der Instandhaltung des Dampflokomotivparkes mit Abzug der auch beim elektrischen Betriebe verbleibenden 16 Dampf-Verschublokomotiven betragen rund .... S 9,800.000·—
während die Instandhaltungskosten des elektrischen Triebfahrzeugparkes von den Sachverständigen mit rund .... „ 6,200.000·—
geschätzt wurden. Der Unterschied in den jährlichen Instandhaltungskosten der Triebfahrzeuge beider Betriebsarten beträgt daher zu Gunsten des elektrischen Betriebes .... S 3,600.000·—

Begründung siehe Seite 125 des Anhanges.

Die Beantwortung des übrigen Inhalts der Frage 10 erscheint mit Rücksicht auf die Beantwortung der Frage 7 gegenstandslos.

Beantwortung der Frage 11.

(Personalersparnis.)

Die Ersparnisse, die beim elektrischen Betriebe durch den Wegfall von Lokomotivmannschaften, ferner von Mannschaften für den inneren Heizhausdienst und endlich von Zugbegleitern bei den heutigen Besoldungs- und Lohnverhältnissen zu gewärtigen sind, werden von den Sachverständigen mit rund S 3,800.000·— angegeben.

Begründung siehe Seite 131 des Anhanges.

III.

Kapitals- und Vergleichsrechnung.
(Rentabilität.)

Wie schon in der Einleitung dargelegt, stößt eine ziffernmäßig genaue Erfassung aller Faktoren, welche für die vergleichende Rentabilitätsrechnung in Frage kommen, auf gewisse Schwierigkeiten.

Allerdings entfallen in dem vorliegenden Falle jene Elemente der Unsicherheit, welche sonst bei einem Eisenbahnneubau die verläßliche Ermittlung der Baukosten behindern und beispielsweise in den oftmals nur schwer vorauszusehenden Verhältnissen im Zuge der Erd- und Tunnelarbeiten sowie der Baustoffgewinnung ihre Ursache haben; gleichwohl leidet der erzielbare Genauigkeitsgrad der Rentabilitätsrechnung darunter, daß es sich hier um einen durchgreifenden Systemwechsel bei einer im vollen Betriebe befindlichen Eisenbahnstrecke handelt.

Bei einer mehrjährigen Bauperiode können auch gewisse Momente eine Rolle spielen, deren Entwicklung nicht mit Sicherheit vorausgesehen werden kann, wie z. B. die wirtschaftlichen und sozialen Verhältnisse. Selbstverständlich haben die Sachverständigen vorausgesetzt, daß sowohl hinsichtlich der technischen als auch der kaufmännischen Durchführung der Elektrifizierung das Beste seitens der zuständigen Organe geleistet werden wird.

Nun ist das Sachverständigenkollegium in der Erkenntnis, daß die zur Untersuchung stehende Rentabilitätsfrage in verschiedene Fachgebiete der Technik, des Eisenbahn- und des Finanzwesens hineinragt, mit begründeter Absicht aus Fachleuten der verschiedenen in Betracht kommenden Richtungen zusammengesetzt worden und es ist infolgedessen naheliegend, daß die einzelnen Sachverständigen ihrer fachlichen und beruflichen Tätigkeit und ihren praktischen Erfahrungen nach eine verschiedenartige Einstellung haben.

Trotzdem kam auch bei der Aufstellung der Rentabilitätsrechnung ein einheitliches Ergebnis zustande, mit Ausnahme der Beurteilung der Verhältnisse nach erfolgter Anleihetilgung (30 Jahre) und der ziffernmäßig schwer erfaßbaren Vor- und Nachteile. Hier spielt das subjektive Ermessen eine solche Rolle, daß es selbstverständlich ist, daß in diesen beiden Punkten, wie aus dem folgenden genauer hervorgeht, eine Teilung der Meinungen eingetreten ist.

Im Übrigen aber stellen die angebenen Ziffern Beträge dar, die sich nach Abwägung der einzelnen, nach allen Richtungen hin von fachlicher Seite vorgebrachten Argumente als angemessene Mittelwerte ergeben haben; sie besitzen daher jenen Genauigkeitsgrad, der bei einer derartigen Arbeit überhaupt erreichbar ist.

In der nachfolgenden Tabelle A ist der hienach erforderliche Kapitalsaufwand, in der Tabelle B sind die für die Vergleichsrechnung maßgebenden entfallenden und zuwachsenden Betriebskosten angegeben. Die Begründungen der in diesen Tabellen angegebenen Beträge finden sich im Anhang unter C und D. (Siehe hiezu die Kolonnen „Anmerkung" in den Tabellen A und B.)

Tabelle A. **Berechnung des Kapitalsaufwandes** zur Einführung des elektrischen Betriebes.

Post Nr.	Aufwandstitel	Betrag in Schilling	Begründung
1	Fahrdrahtausrüstung	25,200.000	siehe Seite 135
2	Unterwerke	5,500.000	" " 75
3	Fahrbetriebsmittel und Ersatzteile	76,300.000	" " 138
4	Elektrische Wagenheizung	6,000.000	" " 153
5	Turm- und Draiswagen	800.000	" " 153
6	Wohnhäuser	900.000	" " 153
7	Umgestaltung der Bahn-Fernmeldeanlagen	9,000.000	" " 71
8	Umgestaltung der Bundes-Fernmeldeanlagen	7,800.000	" " 71
9	Umgestaltung der Beleuchtungsanlagen	500.000	" " 153
10	Umgestaltung der Zugförderungs- und Werkstättenanlagen	5,000.000	" " 154
11	Abänderungen an Brücken, Übersetzungsstegen, Tunnels	3,000.000	" " 153
12	Bauleitung und Bauaufsicht	4,000.000	" " 155
13	Bau- und Zwischenzinsen	15,500.000	" " 155
14	Unvorhergesehenes	15,000.000	" " 81
	Summe	**174,500.000**	
15	Rückgewinn aus dem freiwerdenden Fahrpark des Dampfbetriebes, abzüglich der verbleibenden 16 Dampfverschublokomotiven	30,500.000	" " 85
	Somit **Kapitalsaufwand**	**144,000.000**	

Tabelle B.

Vergleichs-Rechnung.

Änderung der Betriebskosten infolge Überganges zum elektrischen Betriebe.

(Verkehrsgröße: 1926 + 20%.)

Post Nr.	Aufwandstitel	Entfallende jährliche Betriebskosten Schilling	Zuwachsende jährliche Betriebskosten Schilling	Anmerkung
1	Lokomotiv-Brennstoff (Kohle und Anbrennholz)	7,611.000	—	Begründung s. Seite 158
2	Kesselspeisewasser	123.000	—	„ „ 158
3	Stromkosten	—	5,515.000	„ „ 95
4	Kohle für den verbleibenden Dampfverschub	—	226.000	„ „ 159
5	Betriebskosten für Leitungen und Unterwerke	—	550.000	„ „ 159
6	Unterschied im Aufwande für:			
	a) Personalkosten	3,800.000	—	„ „ 131
	b) Instandhaltung und Reparatur des Fahrparkes	3,600.000	—	„ „ 125
	c) Instandhaltung des Oberbaues	—	—	„ „ 160
	d) Putz- und Schmiermittel	336.000	—	„ „ 160
7	Erneuerung des Fahrparkes	1,610.000	1,320.000	„ „ 161
8	Unterschied im Aufwande für die Erneuerung der Wasserbeschaffungs- und Bekohlungsanlagen, bzw. der Leitungen und Unterwerke	—	—	„ „ 162
9	Verzinsung und Tilgung des neuen Anlagekapitals	—	11,894.000	„ „ 163
	Zusammen	**17,080.000**	**19,505.000**	
10	Somit Änderung der jährlichen Betriebskosten infolge Überganges zum elektrischen Betriebe **während der Laufzeit der Anleihe**	ohne die im Abschnitte IV bewerteten, ziffernmäßig schwer erfaßbaren Vor- und Nachteile **2,425.000** zu **Ungunsten** der Elektrifizierung		
11	**Nach 30 Jahren** (Anleihetilgung) verwandelt sich das Ergebnis der Post 10 gemäß Ansicht der Sachverständigen **Findeis, Oerley, Schäffer, Scheichl** und **Wist** infolge Entfalles Post 9 und Verdopplung des Erneuerungsbetrages für den Elektrofahrpark — Post 7 — in jährlich rund	**8,100.000** *) zu **Gunsten** der Elektrizierung		

*) Die Sachverständigen **Gerbel, Reisch** und **Rihosek** stehen bezüglich der Post 11 **auf einem grundsätzlich verschiedenen Standpunkte.** — Begründung siehe Seite 28.

Das in Post 11 der Vergleichsrechnung (gemäß Ansicht der Sachverständigen Findeis, Oerley, Schäffer, Scheichl und Wist) ausgewiesene Ergebnis setzt voraus, daß der aus Post 1 bis 8 resultierende Unterschied zwischen den entfallenden und zuwachsenden Betriebskosten während der 30jährigen Tilgungsfrist der Anleihe ungefähr gleich bleibt, was auf so lange Zeit hinaus nur schwer voraus zu sagen ist. Steigender Verkehr, steigende Kohlenpreise und steigende Besoldungen beeinflussen diesen Unterschied sehr erheblich zu Gunsten der Elektrifizierung, wogegen grundstürzende technische Neuerungen unter Umständen auch in gegenteiliger Art sich auswirken können. In Anbetracht des ausgesprochen konservativen Charakters, den die Entwicklung des Eisenbahnwesens infolge seiner ungeheuren Ausbreitung und seiner internationalen Bindungen zeigt*), sind die vorerwähnten fünf Sachverständigen aber der Meinung, mit Recht annehmen zu können, daß die Österreichischen Bundesbahnen nach Ablauf der mit 30 Jahren ganz ungewöhnlich kurz bemessenen Tilgungsfrist auch tatsächlich in der Lage sein werden, die Früchte des großen Kapitalsaufwandes, beziehungsweise Zinsendienstes, den die Elektrifizierung erfordert — vollauf zu ernten. Und sie sind deshalb auch der Meinung, daß es für die Verwaltung eines großen öffentlichen Unternehmens unter solchen Umständen durchaus geboten ist, derartige künftige Vorteile bei ihren Entschließungen angemessen ins Kalkül zu ziehen.

Die Sachverständigen Gerbel, Reisch und Rihosek hingegen stehen bezüglich der Post 11 auf folgendem, grundsätzlich verschiedenen Standpunkte:

Läßt man in der Vergleichsrechnung über die entfallenden und zuwachsenden Betriebskosten den Kapitalsdienst (Post 9 der Tabelle B) weg, so ergibt sich, daß den entfallenden Betriebskosten von .... S 17,080.000·—
zuwachsende Betriebskosten von .... „ 7,611.000·—
gegenüberstehen, so daß eine Betriebsersparnis von .. S 9,469.000·—

*) Es sei hier z. B. daran erinnert, daß das Zweipuffersystem auch heute noch alle Hauptbahnen Europas beherrscht, trotzdem man seit vielen Jahrzehnten in allen Fachkreisen von der weit höheren Zweckmäßigkeit des Einpuffersystems, wie es in Europa bei allen Kleinbahnen und in Amerika auch bei allen Hauptbahnen in Verwendung steht, überzeugt ist.

verbleibt. Dieser Betrag reicht zur Verzinsung und Tilgung des neuen Anlagekapitals nicht aus. Um den Kapitalsdienst aufzubringen, müßte vielmehr zu den tatsächlichen Ersparnissen noch ein Beitrag von S 2,425.000·— jährlich geleistet werden, wodurch effektiv statt einer Tilgung ein ständiges Anwachsen der Schulden erfolgen würde*). Nachdem sohin das Anlagekapital aus den Betriebsergebnissen überhaupt nicht getilgt werden kann, glauben die vorgenannten Sachverständigen, daß schon aus diesem Grunde von dem Versuche einer Beurteilung der Verhältnisse nach 30 Jahren abgesehen werden muß.

Überdies ist aber schon erwähnt worden, daß „schwer vorauszusagen ist, ob der aus Post 1 bis 8 resultierende Unterschied zwischen den entfallenden und zuwachsenden Betriebskosten während der 30jährigen Tilgungsfrist ungefähr gleich bleibt". Noch schwieriger ist es aber natürlich, irgend eine Annahme für die Zeit nach diesem Zeitpunkte zu machen. Wer wüßte heute, um wieviel der spezifische Brennstoffverbrauch zu jener Zeit geringer sein wird, als jetzt? Wer kann den Brennstoffpreis in 30 Jahren auch nur vermuten? Das gleiche gilt von Strombedarf, Stromkosten, Personalkosten, Unterschied in Instandhaltungskosten und dergleichen mehr. Von ausschlaggebender Bedeutung ist aber die Frage, ob überhaupt dem Eisenbahnverkehre zu jener Zeit noch jene Aufgaben obliegen werden, die er jetzt zu erfüllen hat, wo wir doch gerade in einem Wendepunkte der gesamten Verkehrstechnik, hervorgerufen durch den Automobil- und Flugverkehr, stehen und in der nächsten Zeit die großen Probleme des Wasserverkehres durch den Ausbau des Donau-Main-Rhein-Kanals eine heute noch ganz unabsehbare Lösung erfahren werden. Andererseits nehmen die Anforderungen der Wirtschaft an den Verkehr ungeheuer zu; die Entwicklung der Technik trägt ihnen durch zum Teile grundlegende Veränderungen Rechnung und es kann mit Rücksicht hierauf mit größter Wahrscheinlichkeit angenommen werden, daß bei Ablauf der Tilgungsperiode ebenso durchgreifende Veränderungen im System und Betrieb der Bahn notwendig sein werden, wie sie jetzt durch den Übergang von Dampf auf elektrischen Betrieb in

*) Zur Illustration sei bemerkt, daß ein gleichbleibendes Defizit von jährlich S 1,000.000·— mit dem in der Vergleichsrechnung zu Grunde gelegten Zinssatze von 7·3% kapitalisiert, nach 30 Jahren einen Schuldbetrag von rund S 100,000.000·— ergeben würde.

radikaler Weise von der Bahnverwaltung durchgeführt werden. Es wird sohin die Fruktifizierung der jetzt durchgeführten Investitionen nach 30 Jahren kaum mehr möglich, vielmehr werden neue Investitionen auf Grund neuer Rentabilitätsberechnungen notwendig sein.

Die eingangs genannten Sachverständigen können daher den unabsehbaren Verhältnissen der Zeit nach 30 Jahren eine entscheidende Rolle in der Frage der Elektrifizierung der Strecke Wien—Salzburg nicht beilegen und glauben, daß ein längerer Zeitraum als maximal 30 Jahre den Erwägungen nicht zu Grunde gelegt werden sollte.

IV.

Ziffernmäßig schwer erfaßbare Vor- und Nachteile.

Mit der Elektrifizierung hängen, wie schon früher angedeutet wurde, noch unmeßbare oder besser gesagt „ziffernmäßig schwer erfaßbare" Vor- und Nachteile gegenüber dem heutigen Dampfbetriebe zusammen, die in der vorstehenden Vergleichsrechnung noch nicht berücksichtigt wurden und über deren Art und Größe, wie es übrigens ihrem Wesen entspricht, eine einheitliche Auffassung im Kreise des Sachverständigenkollegiums naturgemäß nicht vorherrschen konnte.

Im folgenden wird zunächst eine Übersicht über alle hier in Betracht kommenden Vor- und Nachteile gegeben, und zwar unabhängig davon, ob diese von allen oder nur von einigen Sachverständigen als zu Recht bestehend anerkannt werden.

A. Vorteile.

Die ziffernmäßig schwer erfaßbaren Vorteile gegenüber dem heutigen Dampfbetriebe werden von den Sachverständigen Findeis, Oerley, Schäffer, Scheichl und Wist in vier Gruppen gegliedert, und zwar:

1. In Vorteile, die unmittelbar zu Ersparnissen in den Betriebsausgaben oder zu Erhöhungen der Betriebseinnahmen führen;
2. in Vorteile, die nicht sofort, wohl aber in späterer Zeit zu derartigen Verbesserungen des Betriebsergebnisses führen;
3. in Vorteile, die der Betriebssicherheit zugute kommen und endlich
4. in sonstige Vorteile verschiedenster Art, die von einer dem technischen Fortschritte wohlgesinnten Bahnverwaltung nicht übersehen werden können.

Die Vorteile des elektrischen Betriebes sind in der Hauptsache Auswirkungen der erheblich größeren Reisegeschwindigkeit (höhere Fahrgeschwindigkeit, höhere Anfahrbeschleunigung, Entfall der Zugförderungsaufenthalte für Kohle- und Wasserfassung usw.), beziehungsweise der Möglichkeit, eine größere Zugkraft und Leistung pro Lokomotive einzubauen, sodann Auswirkungen des Entfalles der Rauch- und Rußplage und schließlich das Ergebnis einer Reihe sonstiger charakteristischer Eigenheiten des elektrischen Betriebes, wie aus der nachfolgenden ausführlichen Aufstellung hervorgeht.

ad 1. Vorteile, die unmittelbar zu einer Verbesserung des Betriebsergebnisses führen.

Hierher gehören:

a) Verbesserung des Wagenumlaufes infolge der höheren Reisegeschwindigkeit und Ersparungen an Wagenmiete. (Im Güterverkehr wird dieser Vorteil erst nach Einführung der durchgehenden Güterzugsbremse voll zur Geltung kommen.)
b) Verminderung der Erforderniszüge.
c) Bessere Anpassungsfähigkeit des Nahpersonenverkehres an das jeweilige Verkehrsbedürfnis infolge Verwendung von Triebwagenzügen, die als Ganz- oder Halbzüge geführt werden können.
d) Bessere Konkurrenzfähigkeit der Bahn sowohl im Ferndienste gegenüber dem Flugverkehr als Folge der höheren Reisegeschwindigkeit, als auch im Nahverkehre gegenüber den Kraftwagenlinien als Folge der Vorteile von Punkt c) *); beide Vorteile führen zu höheren Betriebseinnahmen der Bahn.
e) Auch der Entfall der Rauch- und Rußplage bildet einen Anreiz (Reinlichkeit) für das reisende Publikum und führt damit zu höheren Betriebseinnahmen. (Siehe Mittenwaldbahn!)
f) Bessere Konkurrenzfähigkeit der Bahn im Wettbewerbe mit Auslandslinien als Folge erheblicher Fahrzeitkürzung; z. B. in der Relation Hamburg (oder Bremen)—Hannover—Würzburg—Nürnberg—Passau—Wien, gegenüber Hamburg (Bremen)—Prag—Wien.

*) Siehe hiezu Vortrag Dorpmüller, Generaldirektor der Deutschen Reichsbahn, 15. März 1928, Hamburg. Er berichtet hiebei unter anderem: „Es war möglich, in Schlesien die Fahrzeit der Schnellzüge um 13%, die der Personenzüge um 18% und die der Güterzüge um 29% gegenüber den Fahrzeiten beim früheren Dampfbetriebe zu vermindern." Und: „Von München bis Partenkirchen fahren die Personenzüge 47% schneller als früher".

g) *Wesentlich geringere Instandhaltungskosten am Fahrparke* (Wagenanstrich und -lackierung, Polsterung 2c.), sodann an den eisernen Brücken, den großen und kleinen Bahnhofshallen, den Hochbauten usw. infolge Entfalles der Rauch- und Rußplage mit ihren schädlichen Einwirkungen (schweflige Säure 2c.).

h) Erhebliche Ersparnis an Wagenreinigungskosten in den Aufstellbahnhöfen und in den fahrenden Zügen.

i) Ersparnis an Dienstkleidern.

k) Entfall des größten Teiles der Erhaltungskosten an den bahneigenen Schwachstromleitungen infolge Verkabelung.

l) Entfall von Haftpflichtvergütungen für Brandschäden, die durch Funkenflug verursacht werden.

ad 2. *Vorteile, die nicht sofort, wohl aber in späterer Zeit zu einer Verbesserung des Betriebsergebnisses führen:*

a) Erweiterung der Einführung der einmännigen und der Einfachmann-Bedienung auf den Elektrolokomotiven. Die grundsätzliche Genehmigung zur einmännigen Bedienung der elektrischen Triebfahrzeuge ist der Generaldirektion der Österreichischen Bundesbahnen auf ihr Ansuchen für gewisse Zuggattungen und Linien seitens der Eisenbahnaufsichtsbehörde bereits erteilt worden.

b) Aufschub der Notwendigkeit des Ausbaues 3. und 4. Gleise bei steigendem Verkehr infolge wesentlicher Steigerung der Leistungsfähigkeit der Bahn durch Erhöhung der Reisegeschwindigkeit, beziehungsweise Verkehrsdichte.

c) Als Vorteil kommt hier auch in Betracht, daß sich die aus der Vergleichsrechnung ersichtlichen Ersparungen in bezug auf Energie-, Personal- und Instandhaltungskosten mit steigendem Verkehr sowie mit steigenden Besoldungen und Kohlenpreisen beträchtlich erhöhen.

d) Schließlich ist auch noch zu beachten, daß die heute mit 7·3% anzunehmende Verzinsung des Anlagekapitals bei einer künftigen günstigeren Finanzkonjunktur im Wege der Anleihenkonvertierung eine Herabsetzung erfahren kann, was sodann die Rentabilität der Elektrifizierung erhöht.

ad 3.: Vorteile im Hinblick auf die Betriebssicherheit.

a) Bessere Streckensicht des Lokomotivpersonals.

b) Häufiger Entfall von Vorspann- und Schiebelokomotiven, sowie von Erforderniszügen und 2. und 3. Zugteilen.

c) Leichtere Vermeidung oder Wiedereinbringung von Verspätungen infolge der höheren Anfahrbeschleunigung und der höheren Geschwindigkeit gegenüber dem heutigen Dampfbetriebe.

d) Wesentliche Verbesserung der Verständigungsmöglichkeit der Verkehrsdienststellen infolge Modernisierung der Fernsprechanlagen zugleich mit der durch die Elektrifizierung bedingten Verkabelung der Leitungen. Bisher nur Sprechmöglichkeit zwischen benachbarten Bahnhöfen; nach Verkabelung: Sprechmöglichkeit auch mit den entfernteren Dienststellen (Befehlsbahnhöfe, Zugförderungsstellen, Zugleitungen usw.). Diese Verbesserung ist besonders belangreich bei Verlegung von Vorfahrten, sodann für die Verfolgung des Zuglaufes und in Zeiten von Elementarkatastrophen im Interesse der Unfallverhütung.

e) Unabhängigkeit vom Auslande hinsichtlich der Kohlenlieferung für den Dampfbetrieb und in bezug auf Störungen in der Kohlenzufuhr infolge von Streik, Kriegsgefahr und Krieg in den ausländischen Kohlengebieten. (Die Österreichischen Bundesbahnen halten gemäß Mitteilung der Generaldirektion zur Zeit einmonatliche Kohlenvorräte.)

ad 4. Sonstige Vorteile.

a) Gesündere Arbeitsverhältnisse für das Lokomotiv- und Fahrpersonal.

b) Gesündere Lebensverhältnisse für die Anrainer der Bahn, besonders im Bereiche und der weiteren Umgebung der großen

Verschubbahnhöfe und der Zugförderungsstellen. (Befreiung der Großstadt von einem erheblichen Teile der Rauch- und Rußplage!)

c) Rückgewinn wertvoller Plätze in den großen Bahnhöfen infolge Auflassung oder Verkleinerung der oftmals sehr umfangreichen Bekohlungsanlagen, was bei Bahnhofserweiterungen von großer Bedeutung ist; Gewinn an Gleisnutzlängen infolge Entfalles der Wasserkrane und des Tenders.

d) Entfall des lästigen Einfrierens der Dampfheizung bei strengem Frost, beziehungsweise bei Verkehrsstörungen im Winter.

e) Günstiger Anlaß zur rationellen Umgestaltung des Zugförderungs- und Werkstättendienstes gelegentlich des Wechsels im Betriebssystem.

f) Belebung der inländischen Wirtschaft und des Arbeitsmarktes.

B. Nachteile.

Die ziffernmäßig schwer erfaßbaren Nachteile werden von den Sachverständigen Gerbel, Reisch und Rihosek in folgende fünf Gruppen gegliedert, und zwar:

1. Nachteilige Beeinflussung der Verhältnisse auf den im Dampfbetriebe verbleibenden Strecken.
2. Nachteile für die Betriebssicherheit.
3. Nachteile technischer Natur.
4. Nachteile für die angrenzenden Industrien.
5. Nachteile finanzieller Natur.

ad 1. Nachteilige Beeinflussung der Verhältnisse auf den im Dampfbetriebe verbleibenden Strecken.

a) Der Erneuerungsfond kann durch mehrere Jahre nicht nach Maßgabe der Bedürfnisse der im Dampfbetriebe verbleibenden Strecken verwendet werden, da er zwecks Verringerung der Elektrifizierungskosten der Strecke Wien—Salzburg zur Verrechnung gegen die auf dieser Strecke freiwerdenden gebrauchten Betriebsmittel aufgewendet werden muß.

b) Die Kohlenkosten auf den im Dampfbetriebe verbleibenden Strecken werden durch die gleichsam zwangsweise erfolgende Übertragung des freiwerdenden brauchbaren Lokomotivparkes der Strecke Wien—Salzburg erhöht, da diese Lokomotiven mittleren Alters einen größeren Kohlenverbrauch haben als neue und technisch vollkommenere Maschinen, welche aus dem Erneuerungsfonds angeschafft werden würden.

c) Die Erhaltungskosten der von der Strecke Wien—Salzburg auf die übrigen Strecken übertragenen Lokomotiven mittleren Alters werden höher sein, als die Erhaltungskosten gleicher Lokomotiven, die aus dem Erneuerungsfonds neu zur Anschaffung kämen.

d) Verringerung der Möglichkeit zweckentsprechender Auswahl bei Deckung des Bedarfes an Personal auf den im Dampfbetriebe verbleibenden Strecken, dadurch hervorgerufen, daß in erster Linie das von der elektrifizierten Strecke Wien—Salzburg freiwerdende Personal übernommen werden muß.

ad 2. Nachteile für die Betriebssicherheit.

a) Die Zentralisierung der Energiebeschaffung bringt bei beabsichtigten oder unbeabsichtigten Störungen die Außerbetriebsetzung ganzer Streckenabschnitte mit deren Zügen mit sich.

b) Neue Gefahrenquellen für die Sicherheit des Personals durch die Hochspannung.

c) Neue Gefahrenquellen für das Material durch erhöhte Brandgefahr, hervorgerufen durch den elektrischen Strom.

d) Erhöhung der Gefahren bei Überschreitung des Ladeprofils.

e) Verringerung der Sichtbarkeit der Signale durch die Fahrleitungsmaste auf der freien Strecke und durch die Überspannungen der Gleise auf großen Bahnhöfen.

f) Erschwerung von Rettungsaktionen im Falle von Unfällen mit Fahrleitungsbeschädigung (in diesem Fall ist die vorhandene Zugslokomotive jedenfalls betriebsunfähig und es ist auch nicht immer möglich, mit anderen elektrischen Lokomotiven bis zur Unfallstelle vorzudringen).

ad 3. Nachteile technischer Natur.

a) Mangel an durch längere Tradition geklärten Konstruktionsarten der Lokomotiven und Hilfseinrichtungen.

b) Behinderung der Freizügigkeit in der Verwendung neuer elektrischer Bahnsysteme wegen der unabänderlich für das ganze Netz festliegenden Stromverhältnisse (Stromart, Spannung, Periodenzahl).

c) Größere Beanspruchung der Zugvorrichtung der Wagen infolge der größeren Anzugkraft und größeren Beschleunigung der Elektrolokomotiven.

d) Mehrverbrauch an Bremsklötzen und größere Inanspruchnahme der Bremsgestänge der Wagen, bedingt durch die größere Geschwindigkeit der elektrischen Züge.

ad 4. Nachteile für die angrenzenden Industrien.

a) Erhöhte Kosten für die Anlage von Schlepp- und Industriegleisen durch die Fahrdrahtausrüstung. (Wo eine solche nicht angebracht werden kann, ist Vorsorge für andersartigen Lokomotivbetrieb im Fabriksterritorium zu schaffen.)

b) Erhöhte Instandhaltungskosten der Schleppgleisanlagen.

c) Vielfach behinderte Manipulation im Fabriksterritorium, stellenweise Unverwendbarkeit von Kranen; erhöhte Gefahren wegen der Oberleitung.

ad 5. Nachteile finanzieller Natur.

a) Ungünstige Beeinflussung der Zahlungsbilanz (an das Ausland sind für Kapitalsdienst — von den in den ersten Jahren erzielbaren geringen Interkalarzinsen abgesehen — S 11,890.000·— jährlich zu zahlen; beim Dampfbetriebe wandern für Kohle maximal S 7,000.000·— und später bei fortschreitender Kohlenersparnis und steigender Verwendung österreichischer Kohlen weniger in das Ausland). Außerdem wird auch ein Teil des Investitionskapitals für die elektrischen Einrichtungen an das Ausland verausgabt.

b) Erhöhung der Schuldenlast an das Ausland.

c) Überaus großer Kapitalsdienst wegen des derzeit hohen Zinsfußes der Anleihe*), wie dies schon in der Vergleichsrechnung Seite 163, Post 9 zum Ausdruck kommt.

d) Verringerte Möglichkeit der Ausnützung späteren geringeren Zinsfußes, da eine Konvertierung einer hochprozentigen Anleihe gegen eine mit niederem Zinsfuße nicht jenes finanzielle Ergebnis bringen kann, wie wenn das Darlehen von Anbeginn an mit den billigeren Anleihebedingungen aufgenommen wird.

e) Unverhältnismäßig hoher Geldaufwand. (Dieser Punkt e) ist als Separatvotum der Sachverständigen Gerbel, Reisch und Rihosek aufzufassen.) Bei Aufwendung eines Bruchteiles des für die Elektrifizierung nötigen Kapitals (etwa eines Viertels) könnte durch Neuanschaffung von Dampflokomotiven der Dampfbetrieb auf eine dem modernen Stande der Technik entsprechende Höhe gebracht werden, wodurch sich die Verkehrsleistungen und Geschwindigkeiten im Fernverkehr ebenso groß, wie hier für den elektrischen Betrieb vorgesehen, und auch im Nahverkehre wesentlich günstiger als gegenwärtig gestalten würden. Auch die Rauchplage wird durch Rauchverzehrungseinrichtungen wesentlich verringert. Eine solche durchgreifende Reform des Dampfbetriebes würde also fast die gleichen Vorteile bringen wie die Elektrifizierung, dabei aber wesentlich wirtschaftlichere Verhältnisse als die Elektrifizierung schaffen**).

---

*) Siehe hiezu Vortrag Dr. Dorpmüller, Generaldirektor der Deutschen Reichsbahn-Gesellschaft vom 15. März 1928, Hamburg. Er berichtet hiebei unter anderem: „Die Hauptschwierigkeit bei der Elektrifizierung liegt aber heute wohl in der Beschaffung billigen Geldes. Bei einer Verzinsung von 7 bis 8% ist manche elektrisch betriebene Linie nicht mehr wirtschaftlich, die es unter den früheren Verhältnissen war, als man noch mit 3½- bis 4%igen Anleihen rechnen konnte. Dort, wo in Deutschland elektrisiert worden ist, waren wichtige Gründe vorhanden. Das sind einmal Vorort- und Stadtbahnbetriebe und dann Gebirgsstrecken mit starken Steigungen und weiter Strecken, wo billige Energiequellen zur Verfügung standen."

**) Für den um 20% gesteigerten Verkehr des Jahres 1926 genügt ein neuer Lokomotivpark von 253 Lokomotiven in fünf bis sechs Typen, welche maximal 56 Millionen Schilling kosten. Abzüglich des Wertes des vorhandenen Lokomotivparks (siehe Frage 7) von 21 Millionen Schilling beträgt das erforderliche Kapital rund 34 Millionen Schilling, zu dessen Amortisation und Verzinsung 8·26% aufzuwenden sind, das sind . . . . . . S 2,800.000·—

Dem stehen an entfallenden Betriebskosten gegenüber:

a) Kohlenersparnis (Kohlenverbrauch der gegenwärtig im Betriebe befindlichen Lokomotiven 1·8 bis 2 kg pro PS_ih, die gleichen Lokomotiven brauchen im neuen Zustand 1·4 bis 1·6 kg pro PS_ih, moderne Heißdampflokomotiven brauchen höchstens 1·3 kg pro PS_ih. Nach Berichten über Versuche an neuesten Lokomotiven beträgt der Verbrauch 1 kg und weniger, Höchstspannungslokomotiven mit 60 Atm., mit Kohlenstaubfeuerung ꝛc. brauchen 40% weniger als normale Heißdampflokomotiven. Siehe J. Rihosek, „Die moderne Dampflokomotive und ihre Entwicklung im letzten Jahrzehnt", Zeitschrift des Österreichischen Ingenieur- und Architektenvereines, Heft 5/6). Ohne Rücksicht auf die neuesten Errungenschaften und wegen der größeren Geschwindigkeit sei nur mit 15% Kohlenersparnis gerechnet, dies gibt . . . . S 1,140.000·—

b) Verringerung der Instandhaltungskosten. Wegen Verwendung des Achsdruckes von 18 t und der dementsprechend robusten Bauart, ferner wegen Verwendung einer geringeren Typenanzahl mit vereinheitlichten Details, weiters wegen der dem Spezialzweck angepaßten Konstruktion, der normalen Inanspruchnahme ꝛc. ist mit zirka S 27.000·— pro Lokomotive und Jahr, insgesamt also mit 6·8 Millionen Schilling zu rechnen (das ist zirka 65 g pro Lokomotiv-km; in Deutschland 30 Pf. pro Lokomotiv-km). Die Ersparnis beträgt also 10·1—6·8 Millionen, das ist . . . . . . „ 3,300.000·—

c) Verringerung des Personals. Wegen der größeren Leistung der Lokomotiven, ferner wegen Fahrzeitkürzung, Ersparnis von Vorspann- und Schiebediensten ꝛc. ist mindestens 8% an Lokomotivpersonal zu ersparen. 8% von rund 5 Millionen . . . . „ 400.000·—

Transport . . . S 4,840.000·— S 2,800.000·—

Transport . . .	S 4,840.000·—	S 2,800.000·—
(Hiebei ist Ersparnis an Heizhauspersonal und Zugbegleitung vernachlässigt.)		
d) Verringerte Erneuerungsquote. Wenn hier nach dem gleichen Grundsatze wie beim Elektrolokomotivparke gerechnet wird, beträgt die Erneuerungsquote die Hälfte von 3·3% des Neuwertes der Lokomotiven, das ist S 924.000·—. Dies ergibt gegenüber den gegenwärtigen S 1,610.000·— eine Ersparnis von rund	„ 690.000·—	„ 5,530.000·—
Vorteil gegenüber dem jetzigen Betriebe jährlich		S 2,730.000·—
Vorteil gegenüber dem elektrischen Betriebe		S 5,155.000·—

V.

Bewertung der ziffernmäßig schwer erfaßbaren Vor- und Nachteile und Schlußfolgerungen.

Es liegt im Wesen der ziffernmäßig schwer erfaßbaren Vor- und Nachteile, daß — wie schon erwähnt — über deren Art und Größe im Kreise des Sachverständigenkollegiums keine einheitliche Auffassung vorherrschen konnte. Da die Einstellung zu dieser Frage aber die Schlußfolgerungen belangreich beeinflußt, werden im nachstehenden die Auffassungen der hier wesentlich in Betracht kommenden zwei Gruppen der Sachverständigen getrennt wiedergegeben.

A. Votum der Sachverständigen Findeis, Oerley, Schäffer, Scheichl und Wist.

Diese Sachverständigen messen den in Abschnitt IV angeführten Vorteilen eine überragende Bedeutung gegenüber den ebendaselbst aufgezählten Nachteilen zu und sind der Meinung, daß diesem Überwiegen der Vorteile durch Einstellung eines jährlichen Pauschalbetrages in die Rentabilitätsrechnung zu Gunsten der Elektrifizierung in der Höhe von 1·5 Millionen Schilling Rechnung zu tragen ist*).

Ergänzt man nun die auf Seite 27 des Gutachtens aufgestellte Vergleichsrechnung durch den vorstehenden Pauschalbetrag, so erhält man folgendes Resultat:

	Schilling jährlich
a) Änderung der Betriebskosten während der Laufzeit der Anleihe (30 Jahre) zu Ungunsten der Elektrifizierung: rund	0·9 Millionen
b) Änderung der Betriebskosten nach Ablauf der 30jährigen Tilgungsfrist (siehe hiezu die Ausführungen auf Seite 28 des Gutachtens) zu Gunsten der Elektrifizierung: rund	9·6 „

*) Dieses Pauschale ist in die verschiedenen bisher aufgestellten Vergleichsrechnungen wie folgt eingesetzt worden:

In der Denkschrift des Vorstandes der Österreichischen Bundesbahnen mit	S 1,000.000·—
„ „ Rechnung der Elektroindustrie mit	„ 1,000.000·—
„ „ „ des Bundesministeriums für Handel und Verkehr mit	„ 3,000.000·—

Bezüglich des unter a) angeführten jährlichen Fehlbetrages von 0·9 Millionen Schilling ist zu sagen, daß er im Vergleiche zu den jährlichen Ausgaben der Österreichischen Bundesbahnen (sie betrugen im Jahr 1926 insgesamt 566 Millionen Schilling) sehr gering ist. Da nun mit steigendem Verkehr und mit steigenden Besoldungen und Kohlenpreisen sich das Ergebnis fortlaufend zu Gunsten der Elektrifizierung ändert, so ist zu erwarten, daß der unter a) angeführte geringe Fehlbetrag sich schon während der Laufzeit der Anleihe nach kurzer Zeit in einen jährlichen Gewinn verwandeln wird*).

Es ist somit nach Ansicht der Sachverständigen Findeis, Oerley, Schäffer, Scheichl und Wist auch vom rein wirtschaftlichen Gesichtspunkt aus betrachtet durchaus rätlich, die Elektrifizierung von Salzburg nach Wien fortzusetzen, doch ist es natürlich notwendig, diese Aktion harmonisch und zweckmäßig in den ganzen Wirtschaftsplan der Österreichischen Bundesbahnen einzugliedern. Die Einschaltung einer kurzen Pause in die Elektrifizierungsaktion vermag keine belangreichen Vorteile zu bringen, würde aber störend auf das Wirtschaftsleben und den Arbeitsmarkt einwirken. Eine längere Pause dagegen erscheint mit Rücksicht auf die Elektrifizierungsmaßnahmen der Nachbarstaaten und im Interesse einer zielbewußten, fortschreitenden Entwicklung des österreichischen Verkehrswesens nicht zweckmäßig.

Es ist richtig, daß man beim Übergange zu einem neuen Betriebssystem alle Einrichtungen umso moderner treffen kann, je später man an ihre Durchführung schreitet; in der zwischenliegenden Wartezeit aber wird das Unternehmen immer rückständiger und diesem Nachteile kommt im verkehrstechnischen Wettbewerb unserer Zeit eine sehr große Bedeutung zu.

*) Auch ohne Berücksichtigung der günstigen Auswirkung des stetig ansteigenden Verkehres ändert z. B. eine Erhöhung der Personalbesoldungssätze, beziehungsweise der Kohlenpreise ab Grube um je 10% das jährliche Ergebnis der Vergleichsrechnung um je S 380.000·—, beziehungsweise um etwa S 400.000·— zu Gunsten der Elektrifizierung und ebenso führt eine allfällige Erleichterung des Kapitalsdienstes um 1/2% im Wege der Konvertierung zu einer Verbesserung des Ergebnisses der Vergleichsrechnung um weitere S 720.000·— jährlich.

Die Elektrifizierungsaktion westlich von Salzburg wird nicht vor Ende 1929 vollständig durchgeführt sein. Der $1^1/_2$jährige Zeitraum bis dahin reicht aus, um die Fortsetzung der Arbeiten nach Osten in rationeller Weise vorzubereiten und hiebei insbesondere dafür zu sorgen, daß hinsichtlich des Fahrparkes, im Interesse einfachster Instandhaltung und bester Jahresleistung, nur wenige Lokomotivtypen robuster Bauart zur Bestellung gelangen. Und ebenso reicht dieser Zeitraum auch dafür aus, daß die — nach dem Beispiele der Deutschen Reichsbahn — bereits begonnene Vereinheitlichungsaktion hinsichtlich der wichtigsten Bauteile des Elektrofahrparkes so weit gefördert werden kann, daß sie sich bei der kommenden großen Neubestellung von Triebfahrzeugen schon erfolgreich auszuwirken vermag.

Gegen die Einschaltung einer Pause spricht endlich auch die Erwägung, daß die in der Zwischenzeit aus Gründen der Erneuerung und Verkehrssteigerung neu anzuschaffenden Dampflokomotiven hoher Geschwindigkeit später als ausgesprochene Flachlandsmaschinen auf dem restlichen Dampfbetriebsnetze nur unvollkommen ausnützbar wären.

Es kann also auf Grund der vorstehenden Überlegungen die Einschaltung einer Pause in den Fortgang der Elektrifizierungsaktion nicht empfohlen werden; dagegen ist eine angemessene Einschränkung in dem ins Auge gefaßten Tempo der Elektrifizierungsaktion ernsthaft in Erwägung zu ziehen. Verteilt man die Elektrifizierung der Strecke Wien—Salzburg auf 5 Jahre, so wird ihre Einfügung in den gesamten Investitionsplan der Österreichischen Bundesbahnen erleichtert und werden überdies Vorteile für eine reibungslose Verminderung des Personalstandes beim Übergang vom Dampfbetriebe zum elektrischen Betrieb gewonnen und ebenso auch Vorteile für die reibungslose Überführung der freiwerdenden Dampflokomotiven in das übrige Netz der Österreichischen Bundesbahnen. Eine solche auf fünf Jahre verteilte Aktion setzt eine (betriebstechnisch sehr vorteilhafte) streckenweise Ausdehnung des elektrischen Betriebes im ersten Jahre bis Attnang-Puchheim, im zweiten Jahre bis Linz, im dritten Jahre bis Amstetten, im vierten Jahre bis St. Pölten und im fünften Jahre bis Wien voraus, was von verschiedenen Gesichtspunkten aus zweckmäßig erscheint und besonders auch die ganz allmähliche Umschulung des Personals vom Dampfbetrieb auf den elektrischen Betrieb fördert.

Eine belangreiche Erhöhung der Bau- und Zwischenzinsen findet durch eine solche Verteilung der Elektrifizierungsaktion auf einen fünfjährigen Zeitraum nicht statt, wenn der Bezug des Anleihekapitals in zwei Tranchen (etwa zu 60 und 40%) möglich ist. In diesem Falle können die Bau- und Zwischenzinsen bei günstiger Einteilung des Kapitalsbezuges sogar noch niedriger werden, als in der Begründung zur Post 13 der Kapitalsrechnung ermittelt worden ist. Auch eine Erhöhung der Kosten für Bauaufsicht ist aus Anlaß der Verteilung der Elektrifizierung auf fünf Jahre nicht zu gewärtigen, da das Zusammendrängen der Bauarbeiten auf einen nennenswert kürzeren Zeitraum einer Forcierung gleichkommt, die entsprechende Mehrkosten verursacht.

Wenn nun auch im vorstehenden die Fortsetzung der Elektrifizierung von Salzburg nach Wien als empfehlenswert bezeichnet worden ist, darf doch hieraus keinerlei Schlußfolgerung auf die allgemeine Nützlichkeit der Elektrifizierung anderer mit Dampf betriebener Eisenbahnlinien oder gar ganzer Liniennetze gezogen werden. Über die wirtschaftliche Zweckmäßigkeit oder Unzweckmäßigkeit einer solchen Aktion kann nur von Fall zu Fall eine streckenweise, individuelle Rentabilitätsberechnung Klarheit bringen.

Aus diesem Grunde kann daher auch der Heranziehung ausländischer Rentabilitätsberechnungen zu Vergleichszwecken — etwa der Schweizer Rechnung — keine genügende Beweiskraft zugesprochen werden. Die befriedigende Anpassung einer solchen Rechnung an die Verhältnisse der Strecke Wien—Salzburg lediglich durch Änderung einiger grundlegender Ziffern ist unmöglich. Das Schweizer Rechnungsergebnis bezieht sich auf ein ganzes Liniennetz, in welchem Strecken der verschiedensten Verkehrsgrößen und Eignung zur Elektrifizierung enthalten sind*). Die Schweiz hat in der Kriegs- und ersten Nach-

*) Ende 1927 hatte das elektrifizierte Schweizer Bundesbahnnetz eine 2·15fache Verkehrsleistung (Anhänge-tkm) gegenüber Wien—Salzburg (1926 + 20%) aufzuweisen, wobei aber die Betriebsstreckenlänge das 3·65fache der Linie Wien—Salzburg beträgt; es war somit die spezifische Verkehrsleistung des Schweizer Netzes nur 60% jener der Linie Wien—Salzburg, was für die Rentabilitätsrechnung von einschneidender Bedeutung ist.

kriegszeit bekanntlich sehr teuer gebaut und würde die gleichen Einrichtungen heute viel billiger ausführen können. Auch die Grundlagen der Energieversorgung sind in der Schweiz ganz andere, als auf der Linie Wien—Salzburg. Die Übertragung der meisten Einzelposten der schweizerischen Rentabilitätsrechnung auf österreichische Verhältnisse würde weiters bedeuten, daß man auch alle, heute längst erkannten und überwundenen Anfangsfehler mit übernimmt und alle inzwischen gemachten Fortschritte übersieht. Ähnliches gilt auch bezüglich der Übertragung der schwedischen Rechnungsergebnisse, wobei zu betonen ist, daß bezüglich dieser ein offizieller Bericht noch gar nicht vorliegt. Wollte man aus solchen ausländischen Rechnungsergebnissen einwandfreie Schlüsse auf die Rentabilität der Linie Wien—Salzburg ziehen, so müßten diese ausländischen Rechnungen unter Einholung zahlreicher Einzelauskünfte bis in alle Einzelheiten durchgearbeitet werden, was eine noch viel schwierigere Aufgabe wäre, als die Überprüfung der den Gutachtern übergebenen Rentabilitätsberechnungen der Österreichischen Bundesbahnen, beziehungsweise der österreichischen Elektroindustrie.

Der von den Sachverständigen Gerbel, Reisch und Rihosek an Stelle der Elektrifizierung ins Auge gefaßte gleichzeitige Austausch des gesamten derzeitigen Dampflokomotivparkes der Linie Wien—Salzburg gegen einen solchen modernster Bauart wird — abgesehen davon, daß der bezüglichen vergleichenden Rechnung nicht zugestimmt werden kann — praktisch wohl kaum jemals verwirklicht werden. Aus diesem Grunde sehen die eingangs genannten fünf Sachverständigen hier davon ab, auf die erwähnte vergleichende Rechnung näher einzugehen.

Ausschlaggebend für das Resultat jeder Vergleichsrechnung zwischen Dampf- und elektrischem Betrieb ist nebst den Energiekosten (Kohle und Strom), dem Kapitalsdienst und den Besoldungen vornehmlich die in Betracht kommende Verkehrsgröße. Bei Hauptbahnlinien mit sehr starkem Verkehr ist der Übergang zum elektrischen Betrieb im allgemeinen rentabel, bei solchen mit schwachem Verkehr unrentabel. Bei mittlerer Verkehrsgröße kann nur die individuelle Vergleichsrechnung unter Berücksichtigung aller Sonderumstände einen sicheren Aufschluß liefern. Daraus erklärt sich auch zum Teile die Stockung im Fortgange der Elektrifizierungsaktion mancher Länder (z. B. Schweiz und Schweden) nach Einführung des elektrischen Betriebes auf den stärkst befahrenen Hauptlinien.

Österreich steht noch am Beginne der Elektrifizierung.

Für den Übergang auf elektrischen Betrieb kommen derzeit überhaupt nur etwa folgende Linien in Betracht: Wien—Salzburg, Wels—Passau, Wien—Straß-Sommerein, Wien—Graz und Bruck an der Mur—Klagenfurt—Villach mit einer Gesamtlänge von rund 900 km.

Darüber hinaus wird nach heutigem Ermessen wohl kaum der Übergang zum elektrischen Betrieb in Frage kommen, sondern vermutlich der Dampfbetrieb die wirtschaftlichere Lösung bleiben, so daß schließlich rund 70% der bundesbahneigenen Strecken im Dampfbetriebe verbleiben werden.

Die Elektrifizierung des 526 km umfassenden Liniennetzes westlich von Salzburg und der 107 km langen Salzkammergutbahn hat rund ein Jahrzehnt erfordert. Die Vollendung der vorstehend skizzierten Fortsetzung kann daher, wenn keinerlei Stockung eintritt, erst in etwa 15 bis 20 Jahren gewärtigt werden.

Betrachtet man die Elektrifizierungsfrage der Strecke Wien—Salzburg von diesem großzügigeren Gesichtspunkt aus, so erkennt man, daß im Rahmen dieser großen Aufgabe augenblickliche Konjunkturen bezüglich Kohlenpreise und Zinsfuß wohl angemessene Beachtung finden müssen, aber nicht von ausschlaggebendem Einfluß sein sollten.

In bezug auf die Frage, an welcher Stelle im Bundesbahnnetze die Elektrifizierungsaktion fortgesetzt werden soll, sind die erwähnten fünf Sachverständigen der Meinung, daß darüber kein Zweifel herrschen kann. Für die unmittelbare Fortsetzung kommt in erster Linie die Strecke Wien—Salzburg in Betracht. Die erste Etappe dieser Aktion schließt die sodann für den elektrischen Betrieb größtenteils, beziehungsweise zur Gänze eingerichteten Bahnhöfe Salzburg und Attnang-Puchheim, die in letzterem Bahnhofe befindliche, gut eingerichtete Elektrobetriebswerkstätte und die elektrisch betriebene Salzkammergutbahn Attnang-Puchheim—Steinach-Irdning an das westliche elektrische Hauptnetz an und bringt außerdem den Vorteil, den wegen Mangel eines Nachtverkehres und wegen geringer Zugdichte jetzt schlecht ausgenützten Fahrpark dieser Bahn (insbesonders Lokomotiven) besser ausnützen zu können. Die zweite Etappe bringt die Hauptwerkstätte Linz in eine höchst wertvolle Verbindung mit dem elektrifizierten Bahnnetz und bezüglich der restlichen 189 km bis Wien wäre es sodann ganz besonders mit Rücksicht auf deren dichten Verkehr und auf den Wiener Lokalverkehr unwirtschaftlich, sie als eine mit Dampf betriebene Reststrecke innerhalb des elektrisch betriebenen Hauptbahnnetzes Österreichs zu belassen.

Ungarn schreitet demnächst an die Elektrifizierung seines Hauptbahnnetzes und hat als erste Strecke jene von Budapest bis zur österreichischen Grenze bei Straß-Sommerein gewählt. Sobald dieser Plan in wenigen Jahren verwirklicht sein wird, wird sich hieraus unabweisbar auch die Notwendigkeit zur Elektrifizierung der Strecke von der ungarischen Grenze bis Salzburg ergeben. Dann wird es möglich sein, nicht nur die großen internationalen Expreßzüge von Budapest bis Basel oder Genf, sondern auch den durchlaufenden Güterverkehr elektrisch zu führen, wodurch im Herzen von Europa eine zusammenhängende elektrisch betriebene Weltverkehrsroute von rund 1.400 km Länge geschaffen erscheint.

Es wäre darum ein Fehler, jetzt etwa die Strecke Wien—Salzburg zu überspringen und an die Elektrifizierung einer anderen Strecke zu schreiten, selbst wenn diese wirtschaftlicher wäre. Es erscheint eben notwendig, hier die zeitgerechte und harmonische Eingliederung der österreichischen Elektrifizierungsmaßnahmen in die großen Elektrifizierungsbestrebungen der angrenzenden Staaten gebührend zu beachten; von diesem Standpunkt aus muß somit ebenfalls die unbeirrte, zielbewußte Fortsetzung der Elektrifizierungsarbeiten von Salzburg nach Wien empfohlen werden. Erst bei großen, zusammenhängenden elektrischen Bahnnetzen oder Hauptbahnlinien kommen die eigenartigen Vorzüge des elektrischen Betriebes voll zur Geltung.

Zum Schlusse sei noch ein Umstand besonders hervorgehoben. Jede Elektrifizierung ist mit einer sehr beträchtlichen Erhöhung des Anlagewertes der bezüglichen Bahnstrecke verbunden. Den Österreichischen Bundesbahnen als Treuhändern des Bundes obliegt nun keinerlei Verpflichtung zu einer derartigen Vermögensvermehrung des

Bundes. Es wäre darum auch innerlich begründet, wenn der Bund dem Wirtschaftskörper „Österreichische Bundesbahnen" nach dem Beispiele der Schweiz einen angemessenen Beitrag zu den Kosten der Elektrifizierung leisten würde und es würde eine solche Beitragsleistung auch durch die Tatsache gestützt werden, daß die Fortführung der Elektrifizierung dem Bund einerseits ansehnliche Mehreinnahmen in Form von Steuern, Zöllen, Taxen usw. bringt und andererseits zugleich namhafte Ersparnisse auf dem Gebiete der Arbeitslosenfürsorge.

B. Votum der Sachverständigen Gerbel, Reisch und Rihosek.

Die oben angeführten Sachverständigen sind der Meinung, daß die unter IV angeführten Nachteile des elektrischen Betriebes die gegenübergestellten Vorteile voll aufwiegen. Es wird somit die zu Ungunsten der Elektrifizierung aus den von allen Sachverständigen gemeinsam festgelegten Betriebskosten des Dampf- und elektrischen Betriebes errechnete Differenz von S 2,425.000·— (siehe Post 10 der Vergleichsrechnung, Seite 27) hiedurch nicht verändert.

Bezüglich der angeführten Vorteile ist zu bemerken, daß jene Vorteile, welche auf die größere Zuggeschwindigkeit zurückzuführen sind, wie z. B. die unter 1 a), d), f), 2 b) angeführten, in gleicher Weise auch für einen Dampfbetrieb, der mit entsprechend größerer Geschwindigkeit vor sich geht, Geltung haben. Auch ein Teil der Vorteile, welche mit dem Entfalle der Rauch- und Rußplage zusammenhängen, ist bei den mit wirksamen Rauchverzehrungseinrichtungen versehenen Dampflokomotiven zu erreichen. Es kann aber selbstverständlich nicht verkannt werden, daß viele der vorne angeführten Vorteile des elektrischen Betriebes zurecht bestehen, daß ferner die Verwendung des elektrischen Stromes für Zwecke der Zugförderung nach allgemeiner Meinung zur Modernisierung des Verkehres gehört und vom reisenden Publikum, mit Rücksicht auf die Annehmlichkeiten des elektrischen Betriebes, als Forderung des Tages hingestellt wird.

Vom Standpunkte der Rentabilität jedoch dürfen die Nachteile nicht außer Acht gelassen werden. Wenn im folgenden trotz aller Schwierigkeit eine Bewertung versucht werden soll, sei darauf hingewiesen, daß schon die ad 1 unter a) bis c) angeführte nachteilige Beeinflussung der Verhältnisse auf den im Dampfbetriebe verbleibenden Strecken annähernd mit 1·2 Millionen Schilling bewertet werden kann. Denn die Kohlen- und Erhaltungskosten der 183 gebrauchten Lokomotiven, welche von der Strecke

Wien—Salzburg auf das übrige Netz übertragen werden, betragen rund 12 Millionen Schilling*). Würde nun aus dem Erneuerungsfond der dampfbetriebenen Linien statt seiner Verwendung zur Verrechnung gegen die alten Lokomotiven der Strecke Wien—Salzburg die Anschaffung von, den besonderen Verwendungszwecken angepaßten modernen Lokomotiven erfolgen, so würde selbst bei Beibehaltung der niedrigen Achsdrücke eine rund 10%ige Ersparnis dieser Kohlen- und Erhaltungskosten zu erwarten sein.

Wenn nun weiters auch unter den Nachteilen solche berücksichtigt werden dürfen, welche in erster Linie mit der höheren Geschwindigkeit des elektrischen Betriebes zusammenhängen, ist auf den Bremsklotzverschleiß (siehe Nachteile ad 3 unter d) hinzuweisen. Um diesem Rechnung zu tragen, werden auf der Strecke Wien—Salzburg jetzt Bremsklötze um rund S 150.000·— im Jahr angeschafft. Eine um 30% erhöhte Geschwindigkeit der Güterzüge, wie sie für den elektrischen Betrieb in Aussicht genommen ist, wird den Bremsklotzverschleiß um mindestens 50%, also zirka S 75.000·— pro Jahr erhöhen.

Die ad 4 angeführten Nachteile für die angrenzenden Industrien wirken sich ebenfalls finanziell nachteilig für die Bahnverwaltung in dem Fall aus, als vorhandene Schlepp- und Industriegleisanlagen der Elektrifizierung angepaßt werden müssen. Erfahrungsgemäß weigern sich die Industrien, die Umbau- und erhöhten Instandhaltungskosten zu tragen, in welchem Falle diese Mehrkosten entweder von der Bahnverwaltung getragen werden müßten, oder aber der Schleppbahnvertrag gekündigt wird, was einen Entgang an Einnahmen bedeutet.

Von allergrößter Bedeutung erscheinen aber die ad 5 angeführten Nachteile finanzieller Natur, welche das Gesamtergebnis wesentlich beeinflussen. Als Anhaltspunkt für die Bewertung dieser Nachteile kann die in der Fußnote auf Seite 40 bis 42 angeführte Rechnung herangezogen werden. Es bringt hienach die Aufwendung von 34 Millionen

*) Die gesamten 249 Lokomotiven der Strecke Wien—Salzburg haben einen Kohlenverbrauch von zirka 6·5 Millionen Schilling und Erhaltungskosten von zirka 8·8 Millionen Schilling (siehe Seite 126), zusammen zirka 15·3 Millionen Schilling. Hievon entfallen auf die 183 auf die anderen Strecken übernommenen Lokomotiven (siehe Seite 89) rund 12 Millionen Schilling.

Schilling zur Anschaffung eines neuen Dampflokomotivparkes außer der Amortisation und Verzinsung noch einen Jahresgewinn von rund 2·7 Millionen Schilling, während die Investition von 144 Millionen Schilling für den elektrischen Betrieb ein Defizit von rund 2·4 Millionen Schilling ergibt. Überdies tritt der günstige Erfolg einer Investition für neue Dampflokomotiven auf jeder Teilstrecke auf, auf welcher sie vorgenommen wird, ohne die Möglichkeit späterer Elektrifizierung dieser oder anderer Teilstrecken einzuschränken. Es kann sohin das zur Verfügung stehende Kapital eine wesentlich wirtschaftlichere Verwendung finden, was das Ergebnis der Rentabilitätsrechnung für den elektrischen Betrieb in einer noch ungünstigeren Beleuchtung erscheinen läßt.

Vorstehendes sind die Erwägungen über die Rentabilität der Elektrifizierung vom privatwirtschaftlichen Standpunkt aus, der von einer Rentabilität überhaupt erst dann zu sprechen gestattet, wenn nach Aufwendung einer entsprechenden Quote für Verzinsung und Amortisation noch irgend ein Überschuß, sei es zumindest in Form von ideellen Vorteilen, verbleibt*). Nachdem aber im vorliegenden Falle selbst unter Berücksichtigung aller ziffernmäßig schwer erfaßbaren Vor- und Nachteile nicht einmal die Verzinsung und Amortisationsquote aus den Ersparnissen voll gedeckt werden kann, finden die vorne genannten Sachverständigen die Einführung des elektrischen Betriebes auf der Strecke Wien—Salzburg vom privatwirtschaftlichen Standpunkt aus derzeit unrentabel.

Aus der Vergleichsrechnung, Seite 27, Post 1 bis 9 ergeben sich die Hauptmomente, welche die Rentabilität der Elektrifizierung in dem vorliegenden Fall ungünstig beeinflussen: das sind die neu hinzutretenden Lasten für das Investitionskapital (Post 9) und die Höhe der entfallenden Kohlenkosten (Post 1) im Verhältnisse zum Strompreise. Für Österreich ist nun der Zinsfuß unverhältnismäßig hoch, während die Kohlenpreise besonders niedrig sind. Diesen Verhältnissen ist in

*) In keinem der Rentabilitätsnachweise anderer elektrifizierten Strecken werden „unmeßbare Vorteile" mitbewertet, wie dies in den drei Vergleichsrechnungen für die Strecke Wien—Salzburg seitens der Bundesbahnen, der Elektrofirmen und des Bundesministeriums erfolgte; gerade die „unmeßbaren Vorteile" haben aber für fast alle Linien in gleicher Weise Geltung.

erster Linie das in Post 10 angegebene, für die ersten 30 Jahre errechnete Defizit von S 2,425.000·— zuzuschreiben. Diese Feststellung findet auch beim Vergleiche mit anderen elektrischen Bahnstrecken, über welche den Sachverständigen veröffentlichte Daten vorliegen, ihre Bestätigung. So z. B. wurde den Sachverständigen vom Bundesministerium für Handel und Verkehr eine Übersetzung aus der Revue C. F. F. vom November 1927, Heft 5, betitelt „Die Elektrifizierung der Schweizerischen Bundesbahnen", zum Studium übergeben. Diese Arbeit enthält die Rentabilitätsrechnung für den bis 1927 elektrifizierten Teil der Schweizer Bundesbahnen und schließt mit dem Ergebnisse: „Der elektrische Zug ist billiger um Frs. 1,750.000·—". Legt man jedoch dort statt des Schweizer Zinsfußes von $5^1/_2\%$, den hier anzunehmenden Zinsfuß von 7·3%, beziehungsweise 8·26% zu Grunde, korrigiert man ferner den Schweizer Kohlenpreis (Schweiz. Frs. 38·— pro Tonne bei 7.500 Kalorien gegenüber hier S 23·86 pro Tonne bei 4.300 Kalorien), berücksichtigt man schließlich den größeren Verkehr auf der Strecke Wien—Salzburg (9·2 Millionen Brtkm je km gegenüber zirka 5·5 Millionen in der Schweiz) und setzt man die übrigen, für diese Vergleichsrechnung maßgebenden Faktoren (höhere Erhaltungskosten unserer Dampflokomotiven u. dgl. m.) in Rechnung, so kommt man auch aus dem Schweizer Beispiel zu einem Ergebnisse ähnlicher Art, wie es vom Sachverständigenkollegium in der Vergleichsrechnung Tabelle B angeführt ist. Zu einem analogen Resultat gelangt man auch bei Verwendung der Daten, welche dem offiziellen Bericht über die Elektrifizierung der Schweizer Eisenbahnen, der der Weltkraftkonferenz in Basel*) im Jahr 1926 vorgelegt worden ist, zu Grunde liegen.

Die Wichtigkeit der Kohlenpreise im Verhältnisse zum Strompreise für die Rentabilitätsrechnung geht auch aus einem Berichte des Chefs des elektrischen Bureaus der schwedischen Staatsbahnen hervor; er würdigt zwar die großen allgemeinen Vorteile, die der elektrische Betrieb auf der Strecke Stockholm—Gothenburg bringt, kommt jedoch zu dem Ergebnisse, daß bei dem in Schweden bestehenden Steinkohlen-

*) Gedruckt erschienen in den Berichten über die Weltkraftkonferenz in Basel im Jahre 1926, Konferenzabzug 1, Schweiz, Sektion E.

preise von Schwed. Kr. 20 (zirka S 38·—) pro Tonne und bei dem Strompreise von Öre 3·75 (g 7·1) pro KWh der elektrische Betrieb weniger wirtschaftlich ist, als der Dampfbetrieb. Erst bei einem Strompreise von Öre 2 (g 3·8) pro KWh würde auf dieser schwedischen Strecke bei dem dortigen Kohlenpreise der elektrische Betrieb dem Dampfbetriebe die Wage halten *).

Aus allen Berichten geht hervor, daß neben der Verkehrsgröße, welche für die Elektrifizierung ein wichtiger Faktor ist und für die Strecke Wien—Salzburg als ein günstiges Moment bezeichnet werden kann, überdies noch der Kohlenpreis, beziehungsweise sein Verhältnis zum Strompreis, und schließlich die Höhe des Zinsfußes von entscheidender Bedeutung sind. Diesbezüglich ist aber festzustellen, daß bisher in keinem Lande mit ähnlich hohen Zinssätzen und ähnlich günstigen Kohlenpreisverhältnissen, wie sie Österreich aufweist, eine Elektrifizierungsaktion durchgeführt oder in Angriff genommen wurde. (Siehe diesbezüglich auch Bericht Dorpmüller, Fußnote Seite 40.)

Insoferne übrigens die Verzinsungsbedingungen und Kohlenpreise im Laufe der Zeiten Veränderungen unterliegen, kann die Frage der Rentabilität der Elektrifizierung natürlich niemals mit dem Anspruch auf Gültigkeit für alle Zeiten beantwortet werden, vielmehr bedarf sie offenbar nach Maßgabe der Änderung der erwähnten Momente periodischer Nachprüfung. Es mag daher ohneweiters möglich sein, daß eine Nachprüfung nach Ablauf einiger Zeit das gegenwärtige Ergebnis der Rentabilitätsrechnung modifizieren kann.

Den bisher ausschließlich aus dem Gesichtspunkte der Rentabilität erhobenen Bedenken sind gewiß viele der großzügigen und nicht bestreitbaren Erwägungen, welche im Votum A der Sachverständigen

*) Siehe Zeitung des Vereines Deutscher Eisenbahnverwaltungen Nr. 11, 15. März 1928, Seite 304. Dort heißt es: „Tatsächlich ist bei dem Strompreise von Öre 3·7 für eine KWh der elektrische Betrieb teurer als der Dampfbetrieb . . .“ „Wenn es nicht gelingt, den Strompreis herabzusetzen, so ist eine Fortsetzung der Elektrifizierung der Staatsbahnen fraglich. Ein endgültiges Ergebnis für die Strecke Stockholm—Gothenburg ist erst für Mitte Mai 1928 zu erwarten, da bis dahin der elektrifizierte Betrieb ein volles Jahr im Gange sein wird.“

Findeis, Derley, Schäffer, Scheichl und Wist angeführt sind, gegenüberzustellen. Wenn diese Erwägungen, welche für die öffentliche Meinung wahrscheinlich zumeist viel bestimmender sein dürften als die nüchternen Ergebnisse des Rechenstiftes, auch für die Entscheidungen der Bundesregierung als maßgebend betrachtet werden, so könnten die — angesichts des zu gewärtigenden Defizits zweifellos berechtigten — privatwirtschaftlichen Bedenken des Wirtschaftskörpers „Österreichische Bundesbahnen" nur dadurch aus der Welt geschafft werden, daß die Bundesregierung entweder, wie auch von der anderen Gruppe der Sachverständigen vorgeschlagen, zur Durchführung der Elektrifizierung Zuschüsse aus Bundesmitteln zur Verfügung stellt oder aber das Defizit, wie es übrigens dem Bundesbahngesetz entspricht, fortlaufend aus Bundesmitteln deckt.

Alle diese Verhältnisse lassen aber keinesfalls die Dringlichkeit der Fortführung der Elektrifizierung erkennen. Die vorbezeichneten Sachverständigen stehen vielmehr im Gegenteil auf dem Standpunkte, daß die Einschaltung einer Pause nach Beendigung der im Zuge befindlichen Elektrifizierungsarbeiten nur von größtem Nutzen sein kann. Die Überhastung in der Durchführung der Elektrifizierung der Strecken westlich Salzburgs hat zweifellos mancherlei schädliche Folgen gezeitigt, die als Warnung vor einer Wiederholung des gleichen Fehlers dienen sollten. Diese Wiederholung wäre umsoweniger am Platz, als die Elektrifizierung der Bahnen in Österreich im Vergleiche zu anderen Ländern bereits in einem sehr schnellen Tempo vor sich gegangen ist*).

Überdies ist es dringend notwendig, daß nicht nur die Verstärkung des Oberbaues auf der Strecke Wien—Salzburg zu Ende

*) Vom gesamten Eisenbahnnetze der einzelnen Länder waren bis Anfang 1927 elektrifiziert (siehe V. D. J.-Nachrichten vom 16. Mai 1928):

England . . 2·1%
Deutschland . 2·2%
Frankreich . . 2·3%
Italien . . 6·6%
Schweden . . 7·5%
Österreich . . 8·7% (nach Vollendung der Arbeiten westlich von Salzburg 12%).

Die Schweiz mit 60% nimmt eine gesonderte Stellung ein.

geführt, sondern vorerst auch der unbedingt notwendige Umbau einiger größerer Stationen dieser Strecke vorgenommen werde. Desgleichen sollte auch der Oberbau auf der bereits elektrifizierten Strecke westlich von Salzburg für die höheren Achsdrücke umgebaut, ferner sollten die Brücken verstärkt und sonst alles vorgesorgt werden, damit die für die Strecke Wien—Salzburg vorgesehenen Lokomotiven mit 18 t Achsdruck auf der westlichen Strecke verwendbar seien und die überaus wertvolle Freizügigkeit der elektrischen Lokomotiven auf dem ganzen elektrifizierten Hauptnetze gewährleistet werde. Infolgedessen finden die vorgenannten Sachverständigen, daß die nach Beendigung der Elektrifizierungsarbeiten westlich von Salzburg einzuschaltende Pause auch deshalb notwendig ist, damit die besten Voraussetzungen für einen rationellen elektrischen Betrieb geschaffen und der ganze Komplex der mit der Elektrifizierung zusammenhängenden Fragen in allen technischen Details sorgfältigst durchgearbeitet werde.

Durch eine Pause, welche zu wertvollen anderen Arbeiten verwendet werden soll, wird auch die Belebung der Wirtschaft, die mit Recht als ein Vorteil der Fortsetzung der Elektrifizierungsarbeiten angeführt wird, nicht quantitativ, sondern nur insoferne verändert, als die belebenden Momente zunächst anderen Wirtschaftszweigen zugute kommen. In ihrer Gesamtheit wird die Wirtschaft trotz der Pause den gleichen Nutzen aus den Investitionen durch öffentliche Mittel ziehen.

Ohne eine derartige Pause können nach Meinung der vorbezeichneten Sachverständigen auch nicht alle jene Maßnahmen getroffen werden, welche die erste Gruppe der Sachverständigen richtig als selbstverständliche Voraussetzung für die Fortführung der Elektrifizierung angibt. Schon die Grundlagen für die Beschaffung der von ihnen mit Recht angestrebten Vereinfachung des Elektrofahrparkes erheischt gründliche Vorbereitungen nicht nur technischer, sondern auch organisatorischer Art, beispielsweise nach der Richtung, die durch die Eigenart der verschiedenen Elektrofirmen hervorgegangene Vielheit der Lokomotivbauarten durch ein Zusammenarbeiten dieser Firmen untereinander und mit der Bahnverwaltung zu vereinheitlichen. Zu den hiezu weiters erforderlichen Vorbereitungen gehört aber auch, daß vor der endgültigen Einführung der einzelnen Typen eine gründliche Erprobung derselben im praktischen Betrieb auf einzelnen hiezu geeigneten elektrifizierten Streckenabschnitten erfolge.

Von größtem Werte wird eine Pause schließlich für die Vermehrung der Erfahrungen im elektrischen Betrieb auf den österreichischen Bahnstrecken sein. In vielen Belangen war die bisherige Dauer des elektrischen Betriebes noch nicht ausreichend, um verläßliche Grundlagen für Maßnahmen insbesondere betriebstechnischer und organisatorischer Art zu erlangen. Es kann derzeit auch noch nicht mit Sicherheit beurteilt werden, inwieferne manche ungünstige Ergebnisse des elektrischen Betriebes lediglich auf Anfangsschwierigkeiten zurückzuführen sind und mit welchen Mitteln sie behoben werden können; es wäre sohin verfehlt, auch auf den Strecken östlich von Salzburg in ähnlicher Weise wie bisher tastend vorgehen zu müssen, während die Einschaltung einer Pause die Möglichkeit bieten könnte, in vielen Belangen die sichere Grundlage wertvoller Erfahrungen zu erwerben.

Durch ein entsprechend langsames Tempo in der Fortführung der Elektrifizierungsarbeiten östlich von Salzburg kann die Schaffung der Voraussetzungen für die wirtschaftlichste Art der Elektrifizierung nicht in gleich zweckmäßiger Weise erreicht werden, wie durch eine Pause; denn die Ausdehnung der Elektrifizierungsarbeiten auf einen Zeitraum von vielen Jahren bringt wirtschaftliche Nachteile, die sich zumindest in einer wesentlichen Erhöhung der Bau- und Zwischenzinsen und der Kosten für Bauaufsicht ausdrücken. Jede Bauarbeit hat eine wirtschaftlich günstigste Zeitdauer, deren Verlängerung die Kosten erhöht.

All dies begründet die Forderung nach einer Pause. Wenn sich nun in dieser Zwischenzeit, wie zu hoffen ist, überdies die Möglichkeit ergeben sollte, das für die Elektrifizierung erforderliche Leihkapital zu günstigeren Bedingungen als derzeit zu erhalten, so wird nicht nur die technische Durchführung der Elektrifizierung, sondern auch ihre finanzielle Rentabilität durch diese Vorgangsweise wesentliche Verbesserungen erfahren.

VI.

Anhang.

A.

Fragen an die Herren Sachverständigen wegen der Elektrifizierung der Bundesbahnstrecke Wien—Salzburg.

(Resolutionsantrag des Herrn Abgeordneten Eduard Heinl im Verkehrsausschusse des österreichischen Nationalrates.)

I. Kapitalsdienst.

a) Anlagekosten.

Das Gutachten des Vorstandes der Österreichischen Bundesbahnen rechnet mit einem Kostenaufwand für die Elektrifizierung der Strecke Wien—Salzburg von 200 Millionen Schilling, die gegensätzlichen Elaborate der Elektroindustrie und des Professors Seefehlner mit einem solchen von 151 Millionen Schilling, bzw. 150 Millionen Schilling.

Die Berechnungen der Kosten gehen von verschiedenen Voraussetzungen aus. Die Elektroindustrie kalkulierte mit einem derzeitigen Verkehr von 2.240,000.000 Bruttotonnenkilometer, die Bundesbahnen mit einem solchen von 2.890,000.000 Bruttotonnenkilometer, das heißt mit dem im Jahr 1926 erzielten Verkehr, vermehrt um 20%. Da jährlich eine Verkehrssteigerung eintritt, jedoch die Fertigstellung der Elektrifizierung für die Strecke Wien—Salzburg im günstigsten Falle fünf Jahre nach dem Vergleichsjahr 1926 erfolgen würde, erscheint den Bundesbahnen die Notwendigkeit der Annahme einer 20%igen Erhöhung des Verkehres unbedingt gegeben.

Das Gutachten der Bundesbahnen zieht für die genannte Linie sechs Unterwerke, jenes der Elektroindustrie fünf Unterwerke in Betracht. Es ist nicht in Abrede zu stellen, daß die Ausrüstung mit nur fünf Unterwerken möglich ist. Die Annahme von sechs Unterwerken im Projekte der Bundesbahnen entspringt dem Bestreben, die Unterwerke in den wichtigen Knotenpunkten zu errichten, und zwar außer in Purkersdorf in St. Pölten, Amstetten, Linz, Attnang-Puchheim und Steindorf.

Behufs Verbindung der Anlagen westlich von Salzburg mit jenen östlich von Salzburg zum Zwecke der gegenseitigen Unterstützung beider Netzteile haben die Bundesbahnen eine Übertragungsleitung mit 110 KV ab Schwarzach-St. Veit und die Aufstellung eines Umspannwerkes als Ergänzung des Unterwerkes Schwarzach-St. Veit veranschlagt. Die Elektroindustrie stellt neben den erwähnten fünf Unterwerken nur eine Übertragungsleitung Steindorf—Golling mit einem Werte von 1,800.000 Schilling ein.

Die Elektrofirmen rechnen für die Verkabelung der bahneigenen und der bundlichen Schwachstromanlagen mit einem Betrag von 11·4 Millionen Schilling, die Bundesbahnen dagegen, und zwar auf Grund der Erfahrungen bei den bisherigen Elektrifizierungen sowie einer möglichst exakten Anwendung dieser Resultate auf die Linie Wien—Salzburg, mit einem Erfordernis von 21 Millionen Schilling, was einer Differenz von zirka 10 Millionen Schilling entspricht.

Die Erstbeschaffung von Reserveteilen, welche nach dem Gutachten der Bundesbahnen etwa 7 Millionen Schilling erfordert, wurde von ihnen dem Kapitalsaufwand angelastet unter Berufung auf allgemeine Usancen und Vorschriften, die vom seinerzeitigen Handelsministerium für die Gebarung mit den Vorräten erlassen wurden, und zwar von der Gegenseite in der Höhe unbestritten mit etwa 10% des Aufwandes für Triebfahrzeuge, das ist nach der Rechnung der Bundesbahnen mit 7 Millionen.

Die Bundesbahnen rechnen für Unvorhergesehenes mit 9% von den Anlagekosten, das ist 18 Millionen Schilling, wogegen die Elektrofirmen hiefür nur $2^2/_3$%, das ist 4 Millionen Schilling, vorgesehen haben. Die Differenz beträgt demnach 14 Millionen Schilling und wird von den Bundesbahnen begründet mit ihrer Erfahrung, daß in einer vier- bis fünfjährigen Bauperiode schon aus dem Titel von Lohnsteigerungen und Materialverteuerungen sowie Bauprojektsänderungen infolge nachträglicher Erkenntnis notwendiger Mehrungen gegenüber den ursprünglichen Annahmen erfahrungsgemäß namhafte Mehrkosten entstehen. Baurechnungen, die bei so langer Bauperiode mit einer geringeren als 9%igen Überschreitung abgeschlossen werden, gehören nach Anschauung der Bundesbahnen zu den allergrößten Seltenheiten.

Frage 1: Mit welchem Kostenaufwand soll die Umgestaltung der Schwachstromanlagen angenommen werden?

Frage 2: Ist es zweckmäßiger, die Energieverteilung mit Hilfe von sechs Unterwerken in den von den Bundesbahnen angegebenen Punkten oder von fünf Unterwerken in den von der Elektroindustrie angegebenen Punkten, oder auf irgend eine andere Art vorzunehmen? Ist die Verbindung mit den bestehenden Anlagen nach dem Vorschlage der Bundesbahnen oder nach jenen der Elektrofirmen oder nach einem anderen Vorschlage durchzuführen?

Wie hoch sind die in dieser Frage behandelten Einrichtungen zu veranschlagen?

Frage 3: Ist die Erstbeschaffung von Reserveteilen und ständig zu haltenden Vorräten (Materialvorratsfonds) dem Kapitalsaufwand zuzuschreiben?

Frage 4: Mit welchem Perzentsatz ist nach dem Vorstehenden für Unvorhergesehenes zu rechnen?

Frage 5: Um wie viel erhöhen sich die von den Elektrofirmen mit 151 Millionen Schilling angenommenen Anlagekosten, wenn die Verkehrsdichte statt mit 2.240,000.000 Bruttotonnenkilometer mit 2.890,000.000 Bruttotonnenkilometer angenommen wird und wenn die in den Fragen 1 bis 4 von den Herren Sachverständigen angenommenen Ansätze angewendet werden?

b) Frachtanrechnung bei den Investitionen.

Der Kostenvoranschlag der Bundesbahnen beruht auch darauf, daß für den Transport der zu installierenden Gegenstände die vollen

Frachtsätze vorausgesetzt sind. Da für die im Falle der Elektrifizierung entfallenden Kohlentransporte für den Dampfbetrieb niedrigere Sätze, und zwar etwa die Selbstkosten angenommen wurden, ergibt sich nach Ansicht der Elektroindustrie die Frage, ob es gerechtfertigt ist, für die Investitionen die einmaligen Transporte zu den normalen Sätzen ausführen zu lassen. Die Österreichischen Bundesbahnen führen an, daß diese Anrechnung dem allgemeinen Gebrauche für derartige Lieferungen entspräche und daß auch eine niedrigere Tarifierung der Elektrifizierung nicht direkt zugute käme, sondern nur insoferne, als diese Frachtermäßigung vom Lieferpreise wirklich abgezogen würde.

Frage 6: Halten Sie die Anrechnung der vollen Frachtsätze für den Transport der Baumaterialien, die für die Herstellung der Einrichtung des elektrischen Betriebes nötig sind, für gerechtfertigt? Wenn nicht, welchen Satz halten Sie für gerechtfertigt?

Wie viel Perzente der Bausumme beträgt der Unterschied, der sich zwischen den Berechnungen nach den beiden Auffassungen ergibt?

c) Gegenpost für wegfallende Lokomotiven.

Die Bundesbahnen ziehen von dem ihrerseits berechneten Kapitalsaufwand von zirka 200 Millionen Schilling den Jetztwert der Dampflokomotiven ab und kommen damit zu einer Abzugspost von 27·5 Millionen Schilling. Die Elektrofirmen rechnen dagegen mit dem Neuwerte der Dampflokomotiven und infolgedessen mit einer Abzugspost von 43·5 Millionen Schilling. Sie ermäßigen somit die Anlagekosten mit einem um 16 Millionen Schilling höheren Betrag als die Bundesbahnen. Demgegenüber bemerken die Bundesbahnen, daß theoretisch gegen die volle Berücksichtigung des Neuwertes nichts einzuwenden wäre, daß aber bei konsequenter und logischer Betrachtung im Falle der Einschätzung der Lokomotiven zum Neuwerte die Kosten des laufenden Dampfbetriebes eine adäquate Verringerung erfahren müßten, da bei der oben angeführten Hypothese nur neue Lokomotiven im Betriebe stünden, die einerseits wegen ihrer Neuheit, andererseits wegen der in den neuen Lokomotiven anzuwendenden Verbesserungen einen wesentlichen Minderaufwand an Betriebsmaterial und Instandhaltungskosten erfordern. Finanziell wirke sich die Überführung in den elektrischen Betrieb in der Weise aus, daß die für freiwerdende Lokomotiven nach der einen oder anderen Art zu rechnenden Beträge nicht in einer Verminderung der Basis des Kapitalsdienstes zum Ausdruck kommen, sondern nur in einer rein rechnerischen, aber zunächst nicht wirklichen Ermäßigung der Betriebskosten.

Frage 7: Sind die Herren Sachverständigen der Anschauung, daß der Neuwert, der Jetztwert oder irgend ein anderer Wert von dem für die Elektrifizierung erforderlichen Gesamtkapital in Abzug gebracht werden muß, wenn, wie es in dem Gutachten der Bundesbahnen der Fall ist, der Dampfbetrieb mit solchen Betriebskosten belastet erscheint, wie sie den in Betrieb stehenden Lokomotiven entsprechen?

II. Betriebskosten.

a) Wegfallende Kohlentransportkosten.

Die Bundesbahnen rechnen in ihrem Gutachten mit Transportkosten für eine Tonne Effektivkohle von den Einbruchsstationen bis zu den Heizhäusern von S 4·76 oder für den Gesamtaufwand an Lokomotivkohle per 213.850 Tonnen mit S 1,042.000. Die Elektrofirmen dagegen rechneten ursprünglich mit einem Betrage von S 3,180.000, den sie später bis auf S 2,019.000 vermindert haben. Die Bundesbahnen behaupten, daß der von ihnen angesetzte Tarif noch immer höher sei wie ihre Selbstkosten, die gelegentlich des großen polnisch-italienischen Durchzugsverkehres einer sorgfältigen und genauen Ermittlung unterzogen wurden. Der von der Gegenseite jedoch angenommene Betrag sei noch immer namhaft höher wie jener, den jeder private Kohlenverfrächter auf Grund des offiziellen Tarifschemas der Österreichischen Bundesbahnen zu bezahlen hätte.

Frage 8: Wenn die Bundesbahnen auf den elektrischen Betrieb übergehen und deshalb für die betreffenden Linien keine Kohlen heranzuführen haben, wie groß ist die Ersparung an Frachtkosten; drückt sich die Ersparung durch die in Wegfall kommenden Selbstkosten oder durch irgend einen anderen niedrigeren oder höheren, sogar das offizielle Tarifbareme überschreitenden Betrag aus?

b) Energiebedarf und Aufwand.

Die Bundesbahnen rechnen für den von ihnen angenommenen Verkehr mit einem Energieaufwand beim Eintritt in die Unterwerke von 118 Millionen Kwh für alle Leistungen, also insbesondere auch für die Zugleitung, Verschub, Leerfahrten, Probefahrten, Kaltfahrten, für Heizung, für Beleuchtung usw. und für die zu erwartenden Verluste, die ihnen zur Last gerechnet werden. Diese Ziffer bezeichnen die Bundesbahnen auf Grund der bisherigen Erfahrungen und unter entsprechender Wertung der Traktionsverhältnisse als feststehend. Heute stehen aus den bahneigenen Werken den Österreichischen Bundesbahnen angeblich ungefähr 25 Millionen Kwh zur Verfügung, so daß an Stelle der notwendigen 118 Millionen Kwh pro Jahr nur zirka 93 Millionen Kwh neu zu beschaffen wären. Die Bundesbahnen erklären, daß, wenn der Verkehr gegenüber 1926 auf der Linie Wien—Salzburg um 20% gestiegen sein wird, eine Steigerung des Verkehres auch auf jenen Linien eintreten werde, welche an die derzeitigen bahneigenen Werke der Bundesbahnen angeschlossen sind, so daß der heute noch disponible Strom auf den bereits elektrifizierten, beziehungsweise noch im Stadium der Elektrifizierung befindlichen Strecken konsumiert werden dürfte.

Wenn auch nicht vollkommene Kongruenz zwischen der Verkehrssteigerung auf der Linie Wien—Salzburg und jener der Strecke Salzburg—Buchs bestehe und auch heute nicht gesagt werden könne, in welchem Verhältnis in Hinkunft diese Steigerung perzentuell auf den beiden genannten Netzteilen sein werde, so könne bei einiger Vorsicht mit einer Disponibilität von bahneigenem Strom aus den bestehenden Werken nicht gerechnet werden.

Frage 9: Ist die von den Bundesbahnen angenommene These richtig oder welchen Standpunkt nimmt der Herr Sachverständige dazu ein?

c) Unterschied in den Erhaltungskosten der Lokomotiven.

Die Bundesbahnen nehmen an, daß die Kosten für die Erhaltung der elektrischen Lokomotiven 78% von jenen betragen, welche für die

Dampflokomotiven bei gleicher Verkehrsleistung erfahrungsgemäß aufgelaufen sind, so daß der Unterschied in den Erhaltungskosten der Lokomotiven S 2,415.000 beträgt, wobei die Kosten für die Erhaltung der Dampflokomotiven mit S 11,035.000 pro Jahr angenommen sind. Die Elektrofirmen rechnen mit Erhaltungskosten für die Elektrolokomotiven von 6 Millionen Schilling, das sind 55% der Erhaltungskosten der Dampflokomotiven, so daß der Unterschied S 5,035.000 ausmacht. Die bisherigen Erfahrungen der Bundesbahnen auf den bereits elektrifizierten Strecken ergeben einen Koeffizienten 83%. Die Bundesbahnen haben aber in ihrer Betriebskostenaufstellung mit einem Betrage von S 8,620.000, also mit einem Koeffizienten von nicht ganz 78% gerechnet.

Frage 10: a) Mit welchem Betrag ist der Unterschied in den Kosten der Instandhaltung des Triebfahrzeugparkes bei Dampftraktion und bei elektrischer Traktion einzusetzen?

b) Um welche Beträge müssen die Kosten des Dampfbetriebes niedriger veranschlagt werden, wenn entsprechend der Einsetzung des Neuwertes ein Park neuer, den auf der Strecke Wien—Salzburg zulässigen Achsdrücken entsprechender Dampflokomotiven verwendet wird, wobei eine Trennung der Angaben nach Brennstoff, Hilfsmaterial, Personalkosten einerseits, nach Instandhaltungskosten andererseits erwünscht ist?

d) Ersparnisse an Mannschaft.

Durch die Einführung des elektrischen Betriebes sind Ersparnisse an Mannschaften gegenüber dem Dampfbetriebe zu erwarten, und zwar sowohl bei dem Lokomotivpersonal, als auch beim inneren Heizhausdienst, als auch bei den Zugbegleitern. Die wegfallenden Mannschaften müssen auf Grund der bestehenden Gesetze und sonstigen für das Personal der Bundesbahnen rechtsgültigen Bestimmungen behandelt werden. Es tritt also einerseits eine Verminderung der Zahl der aktiven Mannschaften, andererseits aus der Verminderung eine Erhöhung der Pensionslast der Bundesbahnen ein. Diese Erhöhung bleibt allerdings nicht dauernd gleich, sondern nimmt mit dem Zeitablauf ab. Schließlich tritt unter gewissen Umständen eine Verschiebung der Qualifikation der verwendeten Bediensteten ein, die wieder von Einfluß auf die Höhe der Bezüge sein kann.

Frage 11: Wie hoch schätzen Sie unter Berücksichtigung der oben angeführten Momente die Ersparnisse ein, die beim elektrischen Betrieb der Linie Wien—Salzburg durch den Wegfall der Lokomotivmannschaften, von Mannschaften für den inneren Heizhausdienst und von Zugbegleitern erzielt werden?

Entwicklung der Verkehrsleistung der Österreichischen Bundesbahnen.

Angaben in 1000 Gesamtlasttonnenkilometer.

	1923 (einschl. Südbahn)	1924	1925	1926	1927 (geschätzt)
provisorisch ermittelt	11,746.000	12,411.037	13,050.454	13,656.011	14,280.000
	100%	105·7%	111·1%	116·3%	121·6%
definitiv festgestellt	12,215.840	12,908.207	13,651.122	14,405.564	
	100%	105·7%	111·7%	117·9%	

B.

Begründungen zur Beantwortung des Fragebogens.

Begründung zur Beantwortung der Frage 1.

(Kostenaufwand für Schwachstromleitungen.)

Die Frage umfaßt zwei Gebiete von Lieferungen und Arbeiten:

a) die Umgestaltung der auf oder in nächster Nähe von Bahngrund verlaufenden Bundesfernmeldeleitungen,

b) die Umgestaltung der bahneigenen Fernmelde- und Signalanlagen.

ad a) Die Umgestaltung der bundlichen Schwachstromleitungen wird durch die Post- und Telegraphenverwaltung durchgeführt; ein Teil der auflaufenden Kosten geht nach den derzeit zwischen den beiden Verwaltungen bestehenden Vereinbarungen zu Lasten des Bahnunternehmens. Die Umgestaltung der Bundestelegraphenleitungen umfaßt die Kabelung dieser Leitungen.

Nach Angabe des Vertreters der Post- und Telegraphenverwaltung, die zur Erteilung von Auskünften über diesen Gegenstand eingeladen wurde, entfallen auf die Bundesbahnen von den Gesamtkosten der Verkabelung der Freileitung im Betrage von S 15,075.000·—, insgesamt S 8,176.000·—.

Wenn in der Strecke Wien—Linz die Verlegung der hier in Rede stehenden Kabel gemeinsam mit der Verlegung des in Aussicht genommenen Fernkabels erfolgen kann, würden sich die von der Bahnverwaltung zu tragenden Kosten um S 740.000·— reduzieren.

Ob und in welchem Umfange die gemeinsame Verlegung der Bezirkskabel mit den Fernkabeln möglich sein wird, hängt natürlich von heute nicht vorauszusehenden Verhältnissen ab. Es ist möglich, daß die gemeinsame Verlegung für eine der Teilstrecken Wien—St. Pölten, St. Pölten—Amstetten und Amstetten—Linz oder für zwei derselben durchführbar ist. Je nach diesen Verhältnissen wird die hiedurch erzielbare Ersparnis einen Teil von S 740.000·— ausmachen. Es kann sohin der auf die Bundesbahnen entfallende Anteil nur zwischen den Grenzen von rund

S 7,430.000·— bis S 8,180.000·—

veranschlagt werden.

ad b) Über die Kosten der Umgestaltung der bahneigenen Fernmelde- und Signalanlagen hat die Generaldirektion der Österreichischen Bundesbahnen die folgende von der Elektrisierungsdirektion ausgearbeitete Aufstellung vorgelegt, die eine bessere Beurteilung des veranschlagten Betrages ermöglicht:

1.	Kabel der Hauptstrecke [295 km*) Kabel mit 46 bis 100 Adern] samt Zubehör, Abdeckstulpen, Kabelschutzeisen und Verlegung . .	6·4 Millionen Schilling
2.	Kabel der Anschlußstrecken (je Hauptstrecke bis zum nächsten Bahnhofe, 96 km Kabel mit 8 bis 40 Adern) samt Zubehör, Abdeckstulpen und Verlegung	1·0 " "
3.	Bahnhofkabel (geschätzt)	1·0 " "
4.	Inneneinrichtungen	0·7 " "
5.	Blockschutzschaltung	0·5 " "
6.	Signalumstellungen	0·3 " "
7.	Warenumsatzsteuer und Verschiedenes . . .	1·3 " "
		11·2 Millionen Schilling
	Hievon ab Rückgewinn aus den abzutragenden	
8.	Freileitungen abzüglich Abtragungskosten . .	0·2 " "
9.	Gesamtkosten	11·0 Millionen Schilling

Zu den einzelnen Beträgen der Zusammenstellung wird folgendes bemerkt:

Post 1 wird mit dem Betrage von . . . . S 6,400.000·—
für angemessen befunden.

Transport. . . . S 6,400.000·—

*) Auf 11 km Strecke (Schwanenstadt—Vöcklabruck) wurde das Kabel gelegentlich der Elektrifizierung der Salzkammergutlinie gelegt, auf 7 km Strecke (Hallwang—Elixhausen—Salzburg) wird es gelegentlich der Elektrifizierung von Salzburg—Saalfelden gelegt werden. Die Kosten dieser Anlagenteile sind in die vorliegende Aufstellung nicht aufgenommen.

Transport .... S 6,400.000·—

Post 2. Die Kabelung der Bahnfernmeldeleitungen in den abzweigenden Bahnlinien ist nur über die Grenze des Einflußbereiches der Fahrdrahtleitung erforderlich. Meist wird die Kabelung auf 2—3 km der abzweigenden Bahnlinie genügen; nur bei der Abzweigung einzelner Hauptlinien wird es sich vielleicht empfehlen, bis zum nächsten Bahnhof zu gehen. Die Sachverständigen haben an Hand des Planes die bei jeder Abzweigung voraussichtlich erforderlichen Kabellängen ermittelt und gefunden, daß die halbe Länge der projektierten Kabel ausreicht; es ist daher ein Betrag von .... „ 500.000·— angemessen.

Post 3. Hier ist ein geschätzter Betrag von S 1,000.000·— vorgesehen. In Wien und Hütteldorf ist ein großer Teil der Schwachstromleitungen bereits gekabelt. Der nächste größere Bahnhof ist Linz. Man wird für Wien und Linz mit einem Betrage von S 200.000·— das Auslangen finden. Rechnet man für die übrigen Bahnhöfe mit S 300.000·—, so ist ein Betrag von ...... „ 500.000·— als ausreichend zu bezeichnen.

Post 4, 5 u. 6. Die hiefür angesetzten Beträge von ...... „ 1,500.000·— sind als angemessen zu bezeichnen.

Post 7. Die Warenumsatzsteuer ist mit S 300.000·— einzusetzen. Da nicht für alle auszugebenden Beträge, insbesondere für die in eigener Regie auszuführenden Arbeiten, Warenumsatz-

Transport .... S 8,900.000·—

Transport .... S 8,900.000·—

steuer zu entrichten ist, wird hiefür der Prozentsatz von 3·3 ausreichen .... „ 300.000·—

Sonstigen nicht näher zu bezeichnenden zusätzlichen und unvorhergesehenen Ausgaben, ist in der Sammelpost „Unvorhergesehenes" in genügendem Maße Rechnung getragen.

Es stellen sich somit die Gesamtkosten auf .. S 9,200.000·—

Hievon kommt noch in Abzug der als Rückgewinn aus den abzutragenden Leitungen abzüglich Abtragungskosten ausgewiesene und angemessene Betrag von .... „ 200.000·—

Der für Umgestaltung der bahneigenen Fernmelde- und Signalanlagen erforderliche Betrag ist somit .... S 9,000.000·—

Der Kostenaufwand für die Umgestaltung der Schwachstromleitungen stellt sich somit auf:

a) Umgestaltung der Bundesfernmeldeleitungen .... S 7,430.000·— bis S 8,180.000·—

b) Umgestaltung der bahneigenen Fernmelde- und Signalanlagen .... „ 9,000.000·— „ 9,000.000·—

zusammen .... S 16,430.000·— bis S 17,180.000·—

sohin im Mittel rund S 16,800.000·—

Hauptreferent: **Scheichl.**

Begründung zur Beantwortung der Frage 2.

(Zahl und Kosten der Unterwerke.)

Bei der Beurteilung der Frage der zweckmäßigsten Anzahl der Transformatorenstationen sind eine Reihe von Gesichtspunkten maßgebend, deren Einfluß zuerst untersucht werden muß, da erst dann entschieden werden kann, ob sechs, fünf oder eine andere Anzahl von Unterwerken gewählt werden sollen.

Wesentlich für die Wahl der Entfernung der Unterwerke sind die Störungen der Schwachstromleitungen, der Spannungsabfall und besondere Erfordernisse des Betriebes.

Die Störung der Schwachstromleitungen wird hervorgerufen durch Erdströme, die von der Schienenrückleitung herrühren. Diese Ströme sind umso größer, je größer die Entfernung der Unterwerke ist. Bevor die Störungsfrage in zufriedenstellender Weise gelöst war, war man der Ansicht, daß der Abstand zweier Speisepunkte einer Einphasenwechselstrombahn 40 km nicht übersteigen dürfe. In den U. S. A. verringerte man diesen Abstand, um diese Störungen zu vermeiden, sogar auf 16 km. Durch die bei uns angewandte teuerste, aber radikalste Lösung, nämlich die Verkabelung sämtlicher Schwachstromleitungen, fällt diese Begrenzung im Abstande der Speisepunkte weg, für den daher nunmehr vorwiegend nur der größtzulässige Spannungsabfall maßgebend sein kann.

So beträgt auf der schlesischen Gebirgsbahn der mittlere Streckenbereich eines Unterwerkes 79 km und auf den bisher elektrifizierten Strecken in Bayern 85·5 km*). Letzterer Wert wird sich beim Anschlusse weiterer Strecken im Verlaufe des Ausbaues noch erhöhen. Auf der Strecke Stockholm—Gothenburg beträgt die mittlere Entfernung

*) Aus Wechmann: Der elektrische Zugbetrieb auf den Deutschen Reichsbahnen. 1924.

zweier Unterwerke 92 km. In der Schweiz beträgt der mittlere Streckenbereich eines Unterwerkes bei 1.150 Bahn-km zur Zeit 77 km und nach Vollendung der 1.660 Bahn-km im Jahr 1929 zirka 87 km.

Auf den Strecken der Österreichischen Bundesbahnen in Tirol, Vorarlberg und Salzburg beträgt der mittlere Streckenbereich eines Unterwerkes nur 46·5 km.

Der größte Spannungsabfall, der in einem sehr ungünstigen Betriebsfall eintritt, wird daher nach dem bisher Gesagten von ausschlaggebendem Einfluß auf die Entfernung der Unterwerke sein.

Gemäß den Vorschriften der Österreichischen Bundesbahnen beträgt die höchste Fahrdrahtspannung 16.000 Volt und die niedrigste 10.500 Volt, bei der die Fahrbetriebsmittel noch betriebsfähig sein müssen, bei 12.000 Volt müssen sie noch ihre volle Leistungsfähigkeit entfalten können. Diese Bedingungen, die mit denen anderer Einphasenbahnen annähernd übereinstimmen, sind für eine große Entfernung der Unterwerke sehr günstig. Ungünstig ist nur die derzeit übliche Schaltung, bei der der Fahrdraht zwischen zwei Unterwerken durch Streckentrenner betriebsmäßig unterteilt ist. Ein Ausgleich, der einer wesentlichen Verminderung des Spannungsabfalles gleichkäme, kann daher nicht stattfinden. Diesem Nachteile kann durch entsprechende Schaltungen unter Zuhilfenahme besonderer Relais, die bei anderen Bahnverwaltungen zum Teile schon eingeführt sind, begegnet werden.

Die Berechnungen wurden für den ungünstigsten Fall des Einzelbetriebes der Fahrleitungen mit Streckentrenner durchgeführt und ergaben, daß bei Annahme von nur vier Unterwerken die Spannung von zirka 12.000 Volt nur bei Störungen und auch dann nur in dem Ausnahmsfalle, wenn die Züge sich in der Nähe der Trennungsstelle (in der Mitte zwischen zwei Unterwerken) anhäufen sollten, vorübergehend erreicht wird. Daraus geht ohneweiters hervor, daß bei Annahme von fünf oder sechs Unterwerken die in einem sehr ungünstigen Fall auftretenden Spannungsabfälle noch kleiner sind.

Der Spannungsabfall des Transformators bei der im Unterwerk auftretenden größten Belastungsspitze ist entsprechend den Vorschriften der Österreichischen Bundesbahnen mitberücksichtigt. Auch hinsichtlich der einzubauenden Leistung ergibt sich bei einer größeren Entfernung der Unterwerke ein Vorteil, weil dann das Schwankungsverhältnis (das ist das Verhältnis von Mittelleistung zur Spitze) ein günstigeres wird.

Von Wichtigkeit für die Zahl der Unterwerke sind ferner noch die örtliche Lage und die besonderen Erfordernisse des Betriebes.

Hinsichtlich der örtlichen Lage erscheint es vorteilhaft, die Unterwerke bei Bahnen im allgemeinen nicht unmittelbar in größere Bahnhöfe zu legen, sondern so, daß die wichtigsten davon von beiden Seiten mit Strom versorgt werden können.

Auf der Strecke Wien—Salzburg ergeben sich die folgenden mittleren Speisebereiche: bei vier Unterwerken 79 km, bei fünf Unterwerken 63 km, bei sechs Unterwerken 52·5 km.

Die Strecke Wien—Salzburg kann zweckmäßig in folgende fünf Abschnitte eingeteilt werden:

Wien—St. Pölten, St. Pölten—Amstetten, Amstetten—Linz, Linz—Attnang-Puchheim, Attnang-Puchheim—Salzburg.

Sollen alle Unterwerke gleich stark belastet werden, wobei sich gleichzeitig ein Mindestwert an einzubauender Leistung ergibt, so wären sie in km 19, 70, 132, 197 und 268 zu errichten. Wegen der günstigsten örtlichen Lage werden jedoch als Standorte für die Unterwerke die Bahnhöfe Rekawinkel, Melk, Haag, Wels und Ederbauer vorgeschlagen, wobei die Leistung des Unterwerkes in Rekawinkel größer sein müßte als die der anderen Unterwerke.

Tafel 1 (siehe Seite 78) gibt eine Übersicht über die Lage der angeführten Unterwerke.

Aus den bisherigen Ausführungen geht ferner hervor, daß sechs Unterwerke nicht empfohlen werden können; fünf Unterwerke erscheinen wegen der bestehenden Streckengliederung als günstigste Lösung; schließlich könnten ohneweiters auch vier Unterwerke ausgeführt werden. Der weiteren Berechnung wird infolgedessen die Zahl von fünf Unterwerken zu Grunde gelegt.

Was nun den Preis eines Unterwerkes betrifft, so hängt dieser im wesentlichen von der Größe der einzubauenden Transformatorleistungen und der Höhe der Übertragungsspannung ab.

Tafel 1. **Übersicht über die Lage und Austeilung der Unterwerke.**

Lage des Unterwerkes		Speisebereich		Entfernung des Unterwerkes von	Betr. km
Betr. km	Kennzeichnung des Ortes				
		km		Wien	0
25	Rekawinkel . . . . . . (Wasserscheide)	61	25		
			36	St. Pölten	61
85	Melk . . . . (Streckenleitung)	64	24		
			40	Amstetten	125
151	Haag . . . . (Wasserscheide)	63	26		
			37	Linz	188
213	Wels . . . . (Streckenleitung)	56	25		
			31	Attnang-Puchheim . . .	244
278	Ederbauer . . . . (Wasserscheide)	70	34		
			36	Salzburg	314
	Summe . .	**314**	**314**		

Die Nachrechnung der Leistung der Transformatoren auf den bisher elektrifizierten Linien der Österreichischen Bundesbahnen läßt erkennen, daß die Transformatoren nicht mit ihrer vollen Leistung im Betrieb ausgenützt werden. Die reichliche Bemessung dieser Unterwerke ist wohl dem Umstande zuzuschreiben, daß seinerzeit entsprechende Erfahrungen nicht vorlagen, und daß die ersten Transformatoren der Mittenwaldbahn eine für den Bahnbetrieb minder günstige Bauart aufwiesen.

Die Transformatoren der von der Elektrifizierungsdirektion vorgesehenen sechs Unterwerke der Strecke Wien—Salzburg sind wesentlich besser ausgenützt als jene der Arlbergstrecke; für jedes der erstangeführten sechs Unterwerke sind drei Transformatoren (davon einer für Reserve) von je 2.400 KVA Dauerleistung vorgesehen. Nach den bestehenden Vorschriften für die bereits elektrifizierten Strecken müßten diese im Stande sein, anschließend an die Dauerleistung eine 5 Minuten-Spitze von $2^1/_2$facher oder eine 1 Minuten-Spitze von 4facher Größe der Dauerleistung abzugeben. Da aber das Schwankungsverhältnis auf der Strecke Wien—Salzburg ein wesentlich günstigeres ist als auf der Arlbergstrecke, so erschiene eine Neuregelung der Überlastungsbestimmungen wünschenswert.

Für die Strecke Wien—Salzburg ergibt sich aus der Verkehrsleistung von 1926 + 20% je Unterstation eine größte Spitze von 11.000 bis 12.000 KVA.

Die Preise der Unterwerke mit diesen Leistungen werden von den Österreichischen Bundesbahnen bei Anschluß an 50 KV mit je S 900.000 und bei 100 KV mit je S 1,200.000 angegeben. Diese Preise werden sich bei der endgültigen Festsetzung neuer Überlastungsbestimmungen und der Wahl der Größe der Transformatoren entsprechend dem Anteile des Transformatorenpreises am Gesamtpreise des Unterwerkes noch ermäßigen. Es wird somit für jedes der fünf Unterwerke ein Erfordernis von S 1,100.000· — angenommen, was für diese insgesamt einen Kapitalsbedarf von 5·5 Millionen Schilling ergibt.

Hauptreferent: **Wist.**

Begründung zur Beantwortung der Frage 3.

(Ersatzteile.)

Zum Kapitalsaufwand, also zu den Anlagekosten sind alle Ausgaben zu rechnen, die aufgewendet werden müssen, damit nach Vollendung der Anlage ein regelmäßiger, ordentlicher Betrieb aufgenommen werden kann. Eine solche ordentliche Betriebsaufnahme ist aber nur möglich, wenn nebst den eigentlichen Bestandteilen der Anlage auch ein ausreichender Fonds an Material- und Betriebsvorräten, beziehungsweise Ersatzteilen des Bahnerhaltungs-, Zugförderungs- und Werkstättendienstes vorhanden ist. Alle diese der Betriebseröffnung unbedingt vorausgehenden Beschaffungen von Vorräten und Ersatzteilen, zum Beispiel von Schienen, Weichen, Schwellen, Vorratschotter, Radsätzen usw. zählen auf den Materialvorratsfonds und dieser gehört ebenso zu den Anlagekosten, beziehungsweise zum Kapitalsaufwand, wie etwa die geistigen Vorarbeiten, die Kosten der Bauleitung und Bauaufsicht, die Bauzinsen und bei Eisenbahnneubauten die Ausstattung des Unternehmens mit einem angemessenen Geldbetrag als Betriebsfonds. Die Erstbeschaffung einer angemessenen Menge von Ersatzteilen ist daher dem Kapitalsaufwand zuzurechnen.

Als logische Folge dieser Auffassung erscheint es sodann aber auch notwendig, bei Beantwortung der Frage 7 zum Werte des durch die Elektrifizierung freiwerdenden Dampflokomotivparkes auch den Wert der zugehörigen Ersatzteile und -materialien für den um 20% erhöhten Verkehr vom Jahr 1926 hinzuzurechnen, wie dies dort auch tatsächlich geschehen ist.

Hauptreferent: **Oerley.**

Begründung zur Beantwortung der Frage 4.

(Perzentsatz für „Unvorhergesehenes".)

Es liegt in der Natur der Rechnungspost „Unvorhergesehenes" selbst, daß für sie nicht die Richtigkeit eines bestimmten Betrages oder Hundertsatzes bewiesen werden kann. Es ist üblich, bei Kostenvoranschlägen sicherheitshalber am Schlusse der Rechnung eine derartige Post einzustellen; ihre Höhe hängt sehr wesentlich von der Eigenart der Anlage, für welche der Kostenvoranschlag erstellt wird, sodann von der Zeitdauer, die bis zur Vollendung der Anlage voraussichtlich verstreichen wird, weiters von dem Geist und dem Zwecke, der bei der Aufstellung des Kostenvoranschlages Richtung gebend gewesen ist (knappe oder reichliche Rechnung in den Einzelposten) und endlich von den persönlichen Erfahrungen und dem subjektiven Empfinden des Verfassers des Kostenvoranschlages ab.

Es kann darum auch nicht überraschen, daß die Meinungen der Sachverständigen in diesem Punkt erheblich auseinander gingen und zwischen den Hundertsätzen von 5% und 10% — bezogen auf den gesamten Kapitalsaufwand — schwankten. Mit Rücksicht darauf, daß jeder dieser Annahmen eine gewisse Berechtigung zugesprochen werden muß, wurde schließlich aus allen Einzelsätzen der Mittelwert gezogen und dieser sonach mit rund 9%, d. i. S 15,000.000·—, in die Kapitalsrechnung eingestellt.

Im vorliegenden Falle kann — auch ohne in einem ungesunden Optimismus zu verfallen — mit einem relativ mäßigen Hundertsatze das Auslangen gefunden werden, da bei der Elektrifizierung der Strecke Wien—Salzburg keine Kraftwerksbauten auszuführen sind und damit eine Hauptursache unliebsamer Kostenüberschreitungen (infolge geologischer Überraschungen, unerwarteter Schwierigkeiten bei der Baustoffgewinnung usw.) entfällt.

Bei Festsetzung oder Beurteilung der Post „Unvorhergesehenes“ muß immer wohl beachtet werden, was mit ihr bedeckt werden soll. Sinngemäß gehören hieher alle Mehrausgaben gegenüber dem Kostenvoranschlag, die infolge unvorhersehbarer Ereignisse eintreten z. B. Lohn- und Materialpreissteigerungen, Schäden und Mehrausgaben infolge von Ereignissen höherer Gewalt, Risken, welche der Unternehmer nicht trägt usw.). Nicht unter diese Post fallen dagegen alle Mehrausgaben, die einer späteren, absichtlichen Erweiterung des Bauprogrammes entspringen, und die oftmals zielbewußt und trotz voller Kenntnis der sich daraus ergebenden Überschreitung des Kostenvoranschlages vollzogen werden, weil es vom Standpunkt einer weitblickenden Investitions- und Verwaltungstätigkeit als zweckmäßig und wirtschaftlich empfehlenswert erscheint.

Voraussetzung für die Bemessung der Post „Unvorhergesehenes“ ist eine sparsame, kluge Gebarung bei der Bauausführung und die Beschränkung aller Ausgaben auf das wirklich und unumgänglich Notwendige, beziehungsweise die Vermeidung aller Ausgaben, die ohne Nachteil für den eigentlichen Betriebszweck und die künftige Entwicklung der Anlage auf einen späteren Zeitpunkt verschoben werden können.

Hauptreferent: **Oerley.**

Begründung zur Beantwortung der Frage 5.

(Anlagekosten.)

Entfällt.

(Siehe hiezu die Ausführungen auf Seite 18 dieses Gutachtens.)

Begründung zur Beantwortung der Frage 6.

(Frachtsätze.)

Die für die Herstellung der Einrichtung des elektrischen Betriebes nötigen Konstruktionsteile und Baumaterialien, das erforderliche Inventar und Werkzeug der mit den Arbeiten für die Elektrifizierung betrauten Bauunternehmer sowie die Reisen ihrer Angestellten genießen auf den Strecken der Österreichischen Bundesbahnen keinerlei Ermäßigung des Beförderungspreises. Es erscheint dies aus der Erwägung gerechtfertigt, daß die Bauunternehmer und Lieferfirmen bahnfremde Personen sind und keine Gewähr dafür geboten ist, daß die ihnen etwa gewährten Frachtnachlässe in einer entsprechenden Ermäßigung der Offertpreise Berücksichtigung finden.

Die bestehenden Eisenbahntarife sind bekanntlich für die verschiedenen Beförderungsgüter überaus verschieden, wie aus nachstehender Tabelle für Güter, welche hier in Frage kommen, hervorgeht.

Tarife für Waggonladungen in Schilling pro 100 kg

Distanz	Eisenkonstruktionsteile	Elektrolytkupfer	Elektrische Maschinen	Kabel
50 km . . .	0·66	1·13	0·83	1·44
150 km . . .	1·58	2·72	2·06	3·66
250 km . . .	2·48	4·54	3·28	6·10

Ob in und in welchem Maße diese einzelnen Tarifsätze die Selbstkosten über- oder unterschreiten, ist kaum annähernd feststellbar. Der sich allenfalls ergebende Überschuß über die Selbstkosten ist ein Vorteil, der den Bundesbahnen aus der Elektrifizierung erwächst und könnte von dem für die Elektrifizierung erforderlichen Anlagekapital in Abzug gebracht werden.

Da der Bau von bahneigenen Wasserkraftwerken für die Strecke von Salzburg—Wien nicht in Aussicht steht, kommen als Transportgüter, wenn man nur die Endphasen der Erzeugnisse in Betracht zieht, hauptsächlich die für den Leitungsbau und für die Unterwerke erforderlichen Materialien, deren Gesamtwert etwa 30 bis 33 Millionen Schilling beträgt, in Frage. Das Gewicht dieser Materialien dürfte 10 Millionen Kilogramm nicht übersteigen. Die gesamten Transportkosten dürften sohin bei einer mittleren Transportlänge von 150 km und einem durchschnittlichen Beförderungspreis von S 2·50 per 100 kg etwa S 250.000·— betragen, das ist weniger als 1% des Wertes der beförderten Materialien. Von diesem Betrage käme nun wieder nur ein Teil, als Unterschied zwischen den Partei-Frachtsätzen und den Selbstkosten, zu Gunsten der Elektrifizierung in Frage und von diesem Teile würde sich auch nur wieder ein kleiner Bruchteil (8·26%) in der Rentabilitätsberechnung auswirken.

Nachdem aus Vorstehendem hervorgeht, daß der sich zu Gunsten der Elektrifizierung etwa ergebende Betrag nur ganz geringfügig sein kann, halten die Sachverständigen die Anrechnung der vollen Frachtsätze für die durch die Elektrifizierung verursachten Transporte im Interesse eines einfachen und klaren Rechnungsganges für begründet und zweckmäßig und sind der Meinung, daß die Rückwirkung dieses Vorganges auf das Endergebnis der Vergleichsrechnung durchaus unerheblich ist.

Hauptreferent: **Gerbel.**

Begründung zur Beantwortung der Frage 7.

(Bewertung der freiwerdenden Fahrzeuge vom Dampfbetrieb.)

Wenn zum Ersatz alter Betriebsmittel, welche noch irgend eine Verwertung zulassen, neue beschafft werden, so kann von dem zur Anschaffung der neuen Betriebsmittel erforderlichen Kapital nur der erzielbare Verwertungserlös in Abzug gebracht werden. In dem vorliegenden Falle kann sohin der zur Elektrifizierung erforderliche Kapitalsaufwand um den Betrag gekürzt werden, der bei Verwertung des zum Dampfbetriebe gehörigen Fahrparkes rückgewonnen werden kann.

Der vorhandene Dampflokomotivpark findet seine günstigste Verwertung dadurch, daß ein Teil der Lokomotiven, welche für den Betrieb auf anderen Strecken der Bundesbahnen brauchbar sind, diesen Strecken überlassen werden. Hiefür ist als Gegenleistung der Zeitwert dieser Lokomotiven der Strecke Wien—Salzburg gutzubringen.

Gleichfalls der Zeitwert, und zwar der voraussichtlich erzielbare Verkaufspreis, ist für jene Lokomotiven gutzubringen, welche auf den im Dampfbetriebe verbleibenden Strecken eine weniger günstige Verwertung finden als beim Verkaufe, was für einige Lokomotiven Geltung hat. Für jene Lokomotiven aber, welche als solche nicht mehr verwertet werden können, kommt der Altmaterialwert in Frage.

Der derzeit auf der Strecke Wien—Salzburg in Betrieb befindliche Lokomotivpark ist nicht in der Lage, den der Berechnung zu Grunde zu legenden, gegenüber dem Jahr 1926 um 20% gesteigerten Verkehr zu bewältigen und es wäre sohin die Neuanschaffung von Lokomotiven zu diesem Zweck auch für den Fall des Unterbleibens der Elektrifizierung erforderlich. Es ist sohin für die Vergleichsrechnung außer dem Werte des vorhandenen Lokomotivparkes auch noch der Neuwert der aus diesem Titel anzuschaffenden zusätzlichen Lokomotiven von dem Kapitalsaufwand für die Elektrifizierung in Abzug zu bringen.

Über die Beträge, welche hier in Frage kommen, haben die eingehenden Studien und Erhebungen der Sachverständigen folgendes ergeben:

Die Angaben in der Tafel auf Seite 30—31 der Denkschrift des Vorstandes der Österreichischen Bundesbahnen über die im Jahr 1926 auf der Strecke Wien—Salzburg in Verwendung gestandenen Lokomotiven decken sich hinsichtlich der Stückzahlen und Reihen nicht ganz mit den tatsächlichen Verhältnissen, weshalb im Zuge der Untersuchungen eine genaue Zusammenstellung über die zur erwähnten Zeit tatsächlich verwendeten Reihen und Stückzahlen von der maßgebenden Stelle abverlangt wurde.

Unter Berücksichtigung dieser Angaben wurde von den Sachverständigen die am Schlusse dieser Begründung beigeheftete Tafel 2, betreffend die Bewertung des Lokomotiv- und Tenderparkes, erstellt. Die Grundlagen für diese Bewertung sind folgende:

Für jede Lokomotiv- und Tenderreihe (Kolonne I) ist in der Kolonne II die Stückzahl und in der Kolonne III das Gewicht nach den amtlichen Angaben eingetragen. Für jede Reihe wurde der in der Kolonne IV angesetzte kg-Preis, welcher den heutigen Anschaffungskosten entspricht, angenommen und in der Kolonne V (Stückpreis) jener Neuwert errechnet, um welchen diese Lokomotiven und Tender heute neu beschafft werden können. Die Kolonne VI enthält den Summenbetrag für die Gesamtzahl der in Verwendung stehenden Lokomotiv- und Tenderreihen.

Es ergibt sich sohin als (jetziger) Neuwert sämtlicher auf der Strecke Wien—Salzburg im Jahr 1926 in Betrieb gestandenen Lokomotiven und Tender der Betrag von .... S 42,812.400·—.

Der Entwertung durch Alter und Veraltung ist in der Weise Rechnung getragen, daß zur genaueren Erfassung der tatsächlichen Verhältnisse — abweichend von der Annahme des Vorstandes der Österreichischen Bundesbahnen, welcher für alle Lokomotiven- und Tenderreihen eine durchschnittliche Lebensdauer von 30 Jahren zu Grunde legt —

für jede einzelne Lokomotiv- und Tenderreihe eine erfahrungsgemäß angemessene Zahl von Jahren ermittelt wurde, binnen welcher ihr Wert auf den Altmaterialwert heruntersinkt. Der Ermittlung dieser durchschnittlichen Lebensdauer ist die den Sachverständigen bekannte Konstruktion der einzelnen Lokomotivreihen, das Maß des Fortschrittes ihrer Abnützung im praktischen Betrieb und ihre aus der Verwendung sich ergebende Beanspruchung zu Grunde gelegt (Kolonne VII); hieraus ist zu ersehen, daß die angenommene Lebensdauer zwischen 25 und 40 Jahren schwankt.

Eigentlich sollte die Entwertung der neuen Betriebsmittel in den ersten Jahren größer angenommen werden als in den darauffolgenden, weil ein wesentlicher Bestandteil des Wertes der neuen Lokomotiven in der von den Lieferern übernommenen Haftung gelegen ist und diese für die einzelnen Teile nach $^1/_2$ bis 4 Jahren erlischt. Von der Berücksichtigung dieser Entwertung wurde jedoch abgesehen und es wurde angenommen, daß der Wert der Fahrzeuge sich während ihrer Lebensdauer von ihrem anfänglichen Neuwert bis zum Altmaterialwert am Ende der Lebensdauer gleichmäßig (geradlinig) verringert. Die Sachverständigen sind sich bewußt, daß die genaue Darstellung des Zeitwertes in jedem einzelnen Zeitpunkt durch einen derartigen geradlinigen Verlauf der Entwertung nicht völlig den Tatsachen entsprechend dargestellt ist, weil insbesonders zwischen den vorzunehmenden Hauptausbesserungen die Entwertung rascher vor sich geht; durch die Hauptausbesserungen, welche jeweils eine Werterhöhung mit sich bringen, wird die erwähnte raschere Entwertung allerdings wieder ausgeglichen. Der angenommene geradlinige Verlauf der Wertkurve stellt jedoch die Mittelwerte dar und kann im vorliegenden Fall umso eher zu Grunde gelegt werden, weil es sich um eine große Anzahl von Lokomotiven handelt.

In Kolonne VIII ist das Durchschnittsalter der Lokomotiv- und Tenderreihen im Jahr 1926 angegeben. Obwohl nun die Elektrifizierung erst in einem späteren Zeitpunkte beginnen und eine Anzahl von Jahren dauern wird, das Freiwerden dieser Lokomotiven sohin erst mehrere Jahre nach dem Jahr 1926 und für alle Reihen auch nicht gleichzeitig erfolgt, kommt eine weitere Entwertung nach Ansicht der Sachverständigen nicht in Frage, weil der Zustand des Lokomotivparkes als stabilisiert zu betrachten ist und die fortschreitende Entwertung des Fahrparkes durch den allmählichen Ersatz alter Stücke durch neue im Gesamtwert ausgeglichen wird. Hienach kann für die Errechnung des Zeitwertes das Alter der Betriebsmittel im Jahr 1926 zu Grunde gelegt werden. (Kolonne IX und X.)

Der in Kolonne IX und X errechnete Zeitwert bezieht sich auf den lebenden Park, er setzt also die volle Verwendungsmöglichkeit aller in Rede stehenden Fahrzeuge voraus.

Nach erfolgter Elektrifizierung der Strecke Wien—Salzburg besteht für einen Großteil der freiwerdenden Lokomotiven und Tender eine Verwendungsmöglichkeit auf den übrigbleibenden Netzen, und zwar sind die hiefür in Betracht kommenden Stückzahlen der einzelnen Reihen auf Grund der Kenntnisse der aus dem Eisenbahndienste hervorgegangenen Sachverständigen über die Betriebsverhältnisse auf den Österreichischen Bundesbahnen in Kolonne XI verzeichnet. Diese Lokomotiven sind mit ihrem vollen Zeitwert in Kolonne XII eingesetzt.

Die übrigen Lokomotiven und Tender (Kolonne XIII) sind auf den verbleibenden Dampfbetriebsstrecken der Österreichischen Bundesbahnen nicht verwendbar. Für diese Betriebsmittel muß sohin eine andere Verwertungsmöglichkeit gesucht werden. Die Möglichkeit eines Lokomotivverkaufes für weitere Verwendung ist bei rund 10 Verschublokomotiven samt Tendern angenommen. Sie wurden mit einem angemessenen Verkaufspreise (ungefähr der doppelte Altmaterialwert) bewertet (Post 10 und Post 14 der Tafel 2); sämtliche übrigen nicht verwendbaren Lokomotiven und Tender können nur zum Altmaterialwerte veräußert werden. Der bei dieser Veräußerung erzielbare Verkaufspreis wurde für Lokomotiven mit 20 g, für Tender mit 5 g je kg (durchschnittlich 16 bis 17 g je kg für Lokomotiven und Tender) angenommen, was unter Berücksichtigung der Beförderungs- sowie der sonstigen damit zusammenhängenden Kosten angemessen ist und den tatsächlichen Verhältnissen der letzten Zeit Rechnung trägt.

Der auf diese Weise errechnete, von dem Kapitalaufwand der Elektrifizierung in Abzug zu bringende W e r t d e s D a m p f f a h r p a r k e s ergibt sich demnach, wie folgt:

a) Wert der 183 Lokomotiven und Tender, welche nach der Elektrifizierung der Strecke Wien—Salzburg auf anderen Strecken der Österreichischen Bundesbahnen Verwendung finden können . . . . S 21,090.600·—

b) Wert der 66 Lokomotiven und Tender, welche zur Veräußerung werden gelangen müssen (voraussichtlich erzielbarer Verkaufspreis) . . . . „ 754.500·—

Hiezu kommt:

c) der Wert jener zusätzlichen Betriebsmittel, welcher der zu Grunde zu legenden 20%igen Leistungssteigerung gegenüber den Verhältnissen des Jahres 1926 entsprechen. Eine derartige Verkehrssteigerung kann im Dampfbetrieb erfahrungsgemäß bis zu etwa 4% mit den vorhandenen Lokomotiven und Tendern bestritten werden, so daß etwa 16% durch neue Betriebsmittel gedeckt werden müßten. Vollkommen genau wäre der diesen Zwecken entsprechende Bedarf an Betriebsmittel stück- und reihenweise zu ermitteln; in Wirklichkeit würde er einesteils durch Neubeschaffung, anderntteils durch Umdirigierung von typengemäß vielleicht besser geeigneten und durch Neubeschaffung auf anderen Linien freiwerdenden Fahrzeugen gedeckt. Bei der Unsicherheit über die Art der Verkehrssteigerung genügt es für die vorliegende Rechnung vollkommen, als Neuwert dieser zusätzlichen Lokomotiven 16% des in Kolonne VI angegebenen Neuwertes der vorhandenen Lokomotiven anzunehmen; sohin 16% von rund 42·8 Millionen Schilling, d. s. . . . . „ 6,850.000·—

d) Der Wert der 3 Lokomotiven und Tender, um welche sich bei Einführung des elektrischen Betriebes auf der Strecke Wien—Salzburg der Bedarf für die Dienstkohlenbeförderung vermindert; hiefür kommen Lokomotiven und Tender in Betracht, wie

Übertrag . . . . S 28,695.100·—

Übertrag .... S 28,695.100·—

sie unter Post 9 und 12 mit einem Stück-Zeitwert von S 131.700 + 18.400 = S 150.000 angeführt sind, sohin .... „ 450.000·—

e) Der Wert der durch die Einführung elektrischer Triebwagen im Nah-Personenverkehr sowie durch den Entfall von Lokomotivkohlenzügen freiwerdenden Personen- und Dienstwagen der Reihen Cu, Ci, CDu und D, d. s. rund 70 Stück mit einem mit Rücksicht auf das Alter vieler dieser Wagen mit kaum 40% des durchschnittlichen Neuwertes angenommenen Stück-Zeitwerte von rund S 14.000, sohin .... „ 1,000.000·—

f) schließlich der Wert der vorhandenen und dem Dampflokomotiv- und Tenderpark entsprechenden, künftig verfügbaren Ersatzteile. Hierüber wurde ein genaues Verzeichnis durch die Generaldirektion der Österreichischen Bundesbahnen vorgelegt. Der Wert dieser Ersatzteile, vermehrt um 16% für den um 20% erhöhten Verkehr des Jahres 1926 beträgt sohin .... „ 911.000·—

Es ergibt sich sohin der Gesamtbetrag von rund S 31,000.000·—

Es wird aber an dieser Stelle unter Bezugnahme auf die auch bei Besprechung der Frage 10 gemachten Bemerkungen darauf hingewiesen, daß bei Berechnung des der Verkehrssteigerung entsprechenden Kohlenmehrverbrauches berücksichtigt werden muß, daß der dementsprechende Mehrbedarf durch neue und zeitgemäße Betriebsmittel mit wesentlich geringerem Kohlenverbrauch, als es dem Durchschnitt der vorhandenen Betriebsmittel entspricht, gedeckt wird. Von diesem Gesichtspunkt aus erschiene eigentlich der von der Generaldirektion der Österreichischen Bundesbahnen angenommene Kohlenmehrverbrauch von 16% für den gesteigerten Verkehr zu hoch.

Wie aus der bisherigen Zusammenstellung zu entnehmen ist, wurde angenommen, daß bei der Elektrifizierung der Strecke Wien—Salzburg sämtliche in der Tafel 2 angeführten Lokomotiven und

Tender frei werden; da jedoch noch eine Anzahl von Dampflokomotiven für Verschubzwecke weiter benötigt werden, so muß das Kapital für die Elektrifizierung mit dem Wert dieser Lokomotiven und Tender belastet werden. Der auf dieser Grundlage errechnete Betrag ist dem Aufwand für Betriebsmittel der Elektrifizierung zuzurechnen oder aber von dem vorstehend ausgewiesenen Wert des vorhandenen Lokomotivparkes abzuziehen.

Von dem für die Elektrifizierung erforderlichen Gesamtkapital ist somit der Betrag von rund S 31,000.000 in Abzug zu bringen, wobei der Wert der beim elektrischen Betrieb noch nötigen Dampfverschublokomotiven nicht berücksichtigt ist.

Hauptreferenten: **Gerbel, Reisch, Rihosek, Schäffer.**

Post-Nr.	Lokomotiv- / Tender- Reihe	Stückzahl 1926	Gewicht t	(Jetziger) Neuwert je kg Leergewicht S	je Stück S	Gesamt- S	Durchschnittl. Lebensdauer Jahre	Durchschnittl. Alter Jahre
	I	II	III	IV	V	VI	VII	VIII
1	310	20	79·2	3·00	237.600	4,752.000	25	13
2	113	10	78·5	3·00	235.500	2,355.000	30	3
3	409	5	63	2·70	170.100	850.500	30	18
4	429	15	55·1	2·70	148.800	2,232.000	30	13
5	6, 106, 206, 306	22	50	2·60	130.000	2,860.000	35	24
6	29, 229, 30	39	52	2·60	135.200	5,272.800	32	20
7	10, 110	11	63	2·70	170.100	1,871.100	30	18
8	81, 181	14	72	2·80	201.600	2,822.400	35	3
9	80, 170, 270	51	62	2·70	167.400	8,537.400	35	8
10	Verschublokomotiven verschiedener Reihen	62	37	2·40	88.800	5,505.600	40	28
11	Tender 85, 86	30	22	1·60	35.200	1,056.000	27	10
12	„ 156	96	17	1·60	27.200	2,611.200	33	11
13	„ 56	22	17	1·60	27.200	598.400	35	24
14	„ 36, 66	62	15	1·60	24.000	1,488.000	40	28
						42,812.400		

…ortung der Frage 7.)

…hneter) Zeitwert		Auf anderen Strecken der Österreichischen Bundesbahnen					Anmerkung
		verwendbar		unverwendbar			
					Verkaufswert		
…ück	Gesamt- S	Stück	Gesamtwert S	Stück	je Stück S	Gesamt- S	
	X	XI	XII	XIII	XIV	XV	XVI
00	2,446.000	13	1,589.900	7	15.800	111.000*)	*) Altmaterialwert
00	2,135.000	10	2,135.000	—	—	—	—
00	378.000	5	378.000	—	—	—	—
00	1,336.500	15	1,336.500	—	—	—	—
00	1,049.400	0	—	22	10.000	222.000*)	*) Altmaterialwert
00	2,230.800	39	2,230.800	—	—	—	—
00	831.600	11	831.600	—	—	—	—
00	2,589.400	14	2,589.400	—	—	—	—
00	6,716.700	51	6,716.700	—	—	—	—
00	1,971.600	25	795.000	10*) 27	16.000 7.400	160.000 199.800**)	*) Als Lokomotiven verkäuflich **) Altmaterialwert
00	678.000	23	519.800	7	1.100	7.700*)	*) Altmaterialwert
00	1,766.400	96	1,766.400	—	—	—	—
00	200.200	0	—	22	850	18.700*)	*) Altmaterialwert
00	477.400	25	192.500	10*) 27	1.500 750	15.000 20.300**)	*) Als Tender verkäuflich **) Altmaterialwert
	24,807.000		21,090.600			754.500	

21,845.100

Begründung zur Beantwortung der Frage 8.

(Kohlentransportkosten.)

Für die Berechnung der nach Einführung des elektrischen Betriebes auf der Linie Wien—Salzburg zu ersparenden Frachtkosten für die entfallende Zufuhr der Lokomotivbrennstoffe kommen nach Ansicht der Sachverständigen nur die bei der Beförderung auflaufenden Selbstkosten in Betracht.

Als Einheitssatz für die Beförderung von einer Tonne Effektivkohle auf der gemäß Überprüfung maßgebenden mittleren Inlandsbeförderungsstrecke von 119 km wurde der von der Generaldirektion der Österreichischen Bundesbahnen ermittelte Betrag von S 4·76, bzw. S 3·24 für eine Tonne Normalkohle (NK) — soweit es überhaupt möglich ist, derartige Selbstkosten zu erfassen — als zutreffend anerkannt. Den Gesamtbetrag der Lokomotivbrennstoff-Beförderungskosten beim Dampfbetrieb errechnen die Sachverständigen wie folgt:

Verbrauch für Wien—Salzburg auf Grund der Verkehrsstärke 1926 + 20% (für diese Verkehrssteigerung nur 16% Brennstoff-Mehrbedarf), somit 275.000 t NK × 1·16 = 319.000 t NK zu S 3·24, ergibt als Gesamtbeförderungskosten den Betrag von rund S 1,034.000·—.

Diese Ersparnis ist schon in Post 1 (Lokomotivbrennstoff = S 7,611.000·—) der Vergleichsrechnung, Seite 27 enthalten; dagegen erscheinen die Beförderungskosten für den Brennstoff der beim elektrischen Betriebe noch verbleibenden 16 Dampflokomotiven in der Post 4 der Vergleichsrechnung aufgenommen.

Die durch den Entfall der Lokomotivbrennstoffzufuhr für die zu elektrifizierende Strecke sich ergebenden Ersparnisse drücken sich weiter auch noch durch Freiwerden von bahneigenen Fahrbetriebsmitteln (Lokomotiven und Dienstwagen) aus; diese erscheinen bei Beantwortung der Frage 7 (Bewertung der freiwerdenden Fahrzeuge vom Dampfbetriebe) berücksichtigt.

Hauptreferenten: **Rihosek, Schäffer.**

Begründung zur Beantwortung der Frage 9 und zu Post 3 der Vergleichsrechnung.

(Energiebedarf, Energiebedeckung und Energiekosten.)

A. Energiebedarf.

Die wichtigsten Grundlagen zur Ermittlung des Energiebedarfes bilden: Der Längenschnitt und das Krümmungsband der Strecke Wien—Salzburg, die Verkehrsleistung in Anhängelast-Tonnenkilometern des Jahres 1926, erhöht um 20% und die mittleren Fahrgeschwindigkeiten der einzelnen Zugsgattungen.

Die Verkehrsleistungen und die mittleren Fahrgeschwindigkeiten wurden den Angaben der Österreichischen Bundesbahnen entnommen. Zu letzteren ist folgendes zu bemerken.

Ein Vergleich zwischen Dampf- und elektrischem Betrieb auf gleicher Grundlage wäre nur möglich, wenn auch gleiche Reisegeschwindigkeiten einschließlich der Aufenthalte zu Grunde gelegt würden. Da beim elektrischen Betriebe Aufenthalte für Wassernehmen, Bekohlen, Entaschen und Lokomotivwechsel entfallen, müßten daher bei gleicher Reisegeschwindigkeit die mittleren Fahrgeschwindigkeiten des elektrischen Betriebes sogar noch verringert werden. Jeder moderne Bahnbetrieb ist aber bestrebt, nach Möglichkeit eine Erhöhung der Fahrgeschwindigkeiten sowohl mit Rücksicht auf die bessere Ausnützung des rollenden Materials und des Personals als auch wegen der rascheren Personen- und Güterbeförderung durchzuführen. Da die Leistungsfähigkeit der elektrischen Lokomotive nicht so wie die der Dampflokomotive durch die Kesselleistung begrenzt ist, bietet sich ohne größere Schwierigkeiten die Möglichkeit eine Erhöhung der Geschwindigkeit vorzunehmen. Bei den bisher elektrifizierten Vollbahnen der verschiedenen Länder wurde durchwegs von dieser Möglichkeit, trotz des damit verbundenen erhöhten Energiebedarfes, Gebrauch gemacht.

Die Generaldirektion der Österreichischen Bundesbahnen sieht für den Fall der Elektrifizierung eine Erhöhung der mittleren Fahrgeschwindigkeiten auf der Strecke Wien—Salzburg für die einzelnen Zugsgattungen auf die in Tafel 3 angegebenen Werte vor. Die dort zum Vergleich auch angegebenen mittleren Fahrgeschwindigkeiten des Winterverkehres 1927/28 lassen erkennen, daß die geplanten Erhöhungen der Fahrgeschwindigkeiten sehr beträchtliche sind und je nach Zugsgattung rund 22 bis 40% betragen.

Tafel 3.

Zugsgattung		Brtkm laut Angabe der Österreichischen Bundesbahnen	Mittl. Fahrgeschwindigkeit lt. Dampffahrplan Winter 1927/28	Mittl. Fahrgeschwindigkeit im elektr. Betriebe lt. Angabe der Österr. Bundesbahnen	Erhöhung in % gegenüber Dampfbetrieb
Ferngüterzüge mit Spindelbremse		1,251.000	27	38	40
Triebwagen und Lokalzüge . . .		171.100	35·5	50	40
Fern-Personenzüge mit Aufenthalt	in allen Haltestellen . .	179.200	39	54	38
	in allen Stationen . .	126.900	47·5	60	26
	nur in den großen Stat.	62.400	56·5	70	24
Schnellzüge mit Aufenthalt	in allen derzeit. Schnellzugsstationen	177.600	56·5	75	33
	in den großen Schnellzugsstationen	388.200	63·5	80	26
Expreßzüge		51.500	68	83	22

Diese Erhöhung der Geschwindigkeiten hat eine erhebliche Vermehrung des Energiebedarfes zur Folge.

Damit wird auch die gleichartige Basis für einen Vergleich zwischen Dampf- und elektrischer Betrieb verlassen. Bei der zusammenfassenden Gegenüberstellung der beiden Betriebsarten in den Abschnitten III bis V dieses Gutachtens müssen daher die beim elektrischen Betrieb aus der Geschwindigkeitserhöhung erwachsenden Vorteile, kleinerer Lokomotivbedarf, Mannschaftsersparnis, rascherer Wagenumlauf 2c., entsprechend berücksichtigt werden.

Der richtigen Ermittlung des Energiebedarfes kommt für die Beurteilung der Rentabilität eine große Bedeutung zu. Der Energiebedarf wurde deshalb von den Sachverständigen Oerley und Wist unabhängig nach verschiedenen Methoden berechnet und erst gestützt auf das Ergebnis beider Rechnungsgänge wurde die Größe des Energiebedarfes festgestellt und der weiteren Bearbeitung von Frage 9 zu Grunde gelegt.

Energiebedarfsrechnung I.

(Prof. Dr. Oerley.)

Die wesentlichsten Rechnungsgrundlagen sind:

1. Die Verkehrsgröße.
2. Der Längenschnitt und das Krümmungsband der Bahn.
3. Die Fahrwiderstände.
4. Der Energiebedarf für eine Verschubstunde.
5. Der Energiebedarf für Wagenheizung und Beleuchtung.
6. Der Energiebedarf für Druckluft- und Vakuumbremse.
7. Der Wirkungsgrad der elektrischen Kraftübertragung.

ad 1. Verkehrsgröße.

Die Verkehrsgröße für 1926 wird im Betriebsleistungsausweise mit 2.241 Millionen Wagenbrutto-Tonnenkilometer (tkm) und auf Grund der Heizhausstatistik mit 2.408 Millionen tkm angegeben. Mit Rücksicht auf die natürliche und unvermeidliche Unsicherheit beider Statistiken, die um 7·5% differieren, wird mit dem Mittelwerte beider gerechnet, das heißt zu den aus der ersten Ziffer errechneten Werten noch ein Zuschlag von 3·8% gegeben. Dadurch erscheint auch allfälligen Verkehrsleistungen, die im Betriebsleistungsausweise nicht voll ihren Ausdruck finden, Rechnung getragen.

Vom Dampf-Güterverkehr 1926 ist die Verkehrsleistung für den Transport der Eigenkohle, weil bei dem elektrischen Betrieb entfallend, abzuziehen; es ergibt dies eine Abzugspost von 1%.

Um den Energieaufwand für die Fortbewegung der Lokomotive selbst zu berücksichtigen, wurde als Mittelwert für alle Züge zu den Werten für die Fortbewegung der Anhängelast noch ein 20%iger Zuschlag gegeben. Das heißt, es wurde im Mittel gerechnet, daß jede Lokomotive das fünffache ihres Eigengewichtes zieht. Bedenkt man, daß die von der Generaldirektion der Österreichischen Bundesbahnen in Aussicht genommene 1 D_0 1=Schnellzugslokomotive Reihe 1.670 auf 5‰ Steigung das elffache und auf 10‰ das siebenfache ihres Eigengewichtes ziehen kann und die in Aussicht genommene $B_0 + B_0$=Güterzugslokomotive Reihe 1.170 das sechzehnfache, beziehungsweise zwölffache, so erkennt man, daß die Annahme der bloß fünffachen Anhängelast eine sehr vorsichtige ist und der praktischen Unmöglichkeit voller Zugauslastung genügend Rechnung trägt. (Die Linie Wien—Salzburg enthält z. B. für die Fahrt von Neulengbach bis Wels [176 km] keine Steigung, die größer ist als 5‰.)

ad 3. Fahrwiderstände.

Da es sich bei der Strecke Wien—Salzburg um eine Flachlandsbahn handelt, kommt der exakten Ermittlung der Fahrwiderstände große Bedeutung zu. Verwendet wurden die in Tafel 4, Seite 102 eingetragenen Fahrwiderstandsgleichungen.

Man erhält aus ihnen:

Für Schnellzüge mit der Lokomotive Reihe 1.670 ($\varrho = 0{\cdot}7$, $a = 4$, $V = 80$ km/h, $G_1 = 100$ t, $\alpha = 0{\cdot}8$) den mittleren Fahrwiderstand: . . . . $w = 5{\cdot}3$ kg/t.

Für Personenzüge mit der Lokomotive Reihe 1.629 ($\varrho = 0{\cdot}64$, $a = 3$, $V = 50$ km/h, $G_1 = 80$ t, $\alpha = 0{\cdot}8$) . . . $w = 4{\cdot}1$ kg/t.

Für Güterzüge mit der Lokomotive Reihe 1.170 ($\varrho = 1{\cdot}0$, $a = 4$, $V = 40$ km/h, $G_1 = 70$ t, $\alpha = 0{\cdot}8$) . . . $w = 4{\cdot}4$ kg/t.

Der mittlere Krümmungswiderstand (auf die ganze Strecke verteilt gedacht) kann mit 0·3 kg/t angenommen werden (siehe hiezu Tafel 17, Seite 140 des Anhanges), so daß man für die genannten drei Zugarten einschließlich Krümmungswiderstand erhält:

$$w_0 = 5{\cdot}6 \; \ldots . \; 4{\cdot}4 \; \ldots . \; 4{\cdot}7 \text{ kg/t.}$$

Von der gesamten Verkehrsleistung entfallen 27% auf den Schnellzugdienst, 18% auf den Personenzugdienst und 55% auf den Güterzugdienst. Demzufolge erhält man als mittleren Fahrwiderstand aller Züge auf horizontaler Bahn einschließlich Krümmungswiderstand den Wert

$$w_m = 4{\cdot}9 \text{ kg/t.}$$

ad 4. Energiebedarf für eine Verschubstunde.

Es wird mit 25 KWh am Triebradumfang für 1 Verschubstunde gerechnet, also mit einem Grundwerte, der eher zu reichlich als zu knapp erscheint.

ad 5. Energiebedarf für Wagenheizung und Beleuchtung.

Es wird mit 3·5 Wh je Anhängelast-Tonnenkilometer der Schnell- und Personenzüge — bezogen auf den Stromabnehmer — gerechnet.

ad 6. Energiebedarf für Druckluft- und Vakuumbremse.

Es wird mit 4·5 KWh am Stromabnehmer je Stunde Dienstzeit der Lokomotive am Zug (für alle Personen- und Schnellzüge) gerechnet.

ad 7. Wirkungsgrad der elektrischen Kraftübertragung.

Gerechnet wird mit

η_1 = 90% vom Stromeintritt in das Unterwerk bis zum Stromabnehmer und

η_2 = 78% vom Stromabnehmer bis zum Triebradumfang.

Somit mit einem Gesamtwirkungsgrad

$$\eta = 78\% \times 90\% = 70\%.$$

Diese Annahme stimmt überein mit den nachstehend angeführten Werten:

Elektrifizierungsdirektion .... 78 % × 91·5 = 71·4%

Deutsche Reichsbahn 71%

Schlesische Gebirgsbahnen .... zirka 70% (genau: 67% ab Kraftwerk).

Rechnungsgang.

Für die Berechnung der Zugförderungsarbeit am Triebradumfange wurde das Verfahren der Widerstandshöhen angewendet*). Die Multiplikation der in solcher Art ermittelten Widerstandshöhen H_w in Metern mit dem maßgebenden Wagenbrutto in Tonnen gibt die Zugförderungsarbeit für die Fortbewegung der Anhängelast in tm ideeller Hebungsarbeit, oder nach Division durch 367 diese Zugförderungsarbeit in KWh am Triebradumfang.

$$\text{Maßgeb. Wagenbrutto} = \frac{\text{jährliche Wagen-Brtkm}}{2 \times \text{Streckenlänge in km}} = Q \text{ in Tonnen.}$$

Durch Zerlegung der ganzen Bahnlinie in ihre wesentlichen Teilabschnitte (z. B. Wien—St. Pölten usw.) und gesonderte Ermittlung von Q für jeden dieser Abschnitte wird der verschieden starken Verkehrsbelastung der einzelnen Teilstrecken zugleich mit der Eigenart ihres Längenschnittes individuell Rechnung getragen. Die Berechnung selbst ist in den Tafeln 5, 6 und 7 (Seite 103—107) durchgeführt und ergibt für den Verkehr 1926 + 20% einen Gesamtenergiebedarf von rund 98 Millionen Kilowattstunden beim Stromeintritt in die Unterwerke.

Kontrollrechnung Innsbruck—Bludenz.

Um den eingeschlagenen Rechnungsgang in bezug auf seinen Genauigkeitsgrad einwandfrei zu überprüfen, wurde in gleicher Weise noch der Energiebedarf für die Arlbergstrecke Innsbruck—Bludenz, bezogen auf den Verkehr vom 1. Dezember 1926 bis 25. November 1927 berechnet. Für diese Zeit lagen seitens der Generaldirektion der Österreichischen Bundesbahnen einerseits genaue Angaben hinsichtlich der bewältigten Verkehrsleistung und andererseits hinsichtlich der von den Unterwerken Zirl, Roppen, Flirsch und Danöfen auf der Niederspannungsseite abgegebenen Energiemengen (exklusive der für die Mittenwaldbahn gelieferten Energie), und zwar von insgesamt 25,475.000 KWh vor.

*) Siehe hiezu: „Oerley: Die maßgebende Arbeitshöhe der Eisenbahn; ein neuer Vergleichswert für Linienführung und Betriebsart.“ Organ für die Fortschritte des Eisenbahnwesens 1922, Heft 3.

Der Kontrollrechnung wurden die in Tafel 8 (Seite 108) angeführten Geschwindigkeits- und Widerstandswerte (letztere gemäß Tafel 4) zu Grunde gelegt.

Der Rechnungsgang und das Kontrollrechnungsergebnis sind aus Tafel 9 und 10 (Seite 109 und 110) ersichtlich.

Zeile 10a) der Tafel 10 läßt erkennen, daß das angewendete Rechnungsverfahren einen Energieverbrauch ergibt, der um rund 2% größer ist als der von den Unterwerkszählern tatsächlich gemessene Energieverbrauch, womit die Richtigkeit des Verfahrens, beziehungsweise seiner Rechnungsgrundlagen nachgewiesen erscheint.

Tafel 4.

Mittelwerte für den Fahrwiderstand in kg/t.

Post Nr.	Bahnart	Oberbau mit	Elektrische Lokomotiven und Triebwagen	Wagen		
			w_1	w_2	C	gültig für folgende Zugsgattungen
1	Vollspurige Hauptbahnen . . .	Vignoles-Schienen	$2{\cdot}5 + (a + 1) \cdot \varrho + \frac{V^2}{16\, G_1}$	$2{\cdot}5 + \frac{V^2}{C}$	1.000	für Leerwagen-Güterzüge
2	Vollspurige Lokalbahnen . . .		$2{\cdot}5 + (a + 1) \cdot \varrho + \frac{V^2}{20\, G_1}$	$2{\cdot}5 + \frac{V^2}{C}$	2.000	für gewöhnliche Güterzüge gemischter Zusammensetzung
3	1·00 m-spurige Bahnen und Straßenbahn-Triebwagen . .		$3{\cdot}0 + (a + 1) \cdot \varrho + \frac{V^2}{25\, G_1}$	$3{\cdot}0 + \frac{V^2}{C}$	2.500	für Eilgüterzüge
					3.000	für Personenzüge
4	0·76 m-spurige Bahnen		$3{\cdot}5 + (a + 1) \cdot \varrho + \frac{V^2}{30\, G_1}$	$3{\cdot}5 + \frac{V^2}{C}$	4.000	für Schnellzüge und schwere Kohlenzüge (Erz-Züge)
5	Mittlerer Laufwiderstand des ganzen Zuges: $w = (1 - \alpha) \cdot w_1 + \alpha \cdot w_2$					

G_1 = Gewicht der Lokomotive
G_2 = " des Wagenzuges } $Q = G_1 + G_2$ = Gesamtgewicht des Zuges
G_R = Reibungsgewicht der Lokomotive
a = Anzahl der in einem und demselben Triebgestelle gekuppelten Reibungsachsen
$\varrho = \frac{G_R}{G_1}$ = Reibungsgrad der Lokomotive
$\alpha = \frac{G_2}{Q}$ = Wirkungsgrad der Zugförderung

Tafel 5.

Betriebsleistung 1926 auf der Linie Wien—Salzburg.

1	2	3	4				5			
Strecke	Betr. km	Zugart	1000 Wagen-Brtkm				Maßgebendes Jahres-Wagenbrutto für Hin- und Rückfahrt $\frac{\text{Wagen-Brtkm}}{2 \times \text{Betr. km}}$			
			Einzeln			Zusammen	Tonnen: Einzeln			Zusammen
Wien—St. Pölten . . .	61	S P G	144.748	167.070	182.225	**494.043**	1,186.460	1,369.430	1,493.650	**4,049.540**
St. Pölten—Amstetten . .	64	S P G	150.848	71.347	329.383	**551.578**	1,178.500	557.400	2,573.300	**4,309.200**
Amstetten—Linz	64	S P G	129.504	58.748	258.680	**446.932**	1,011.750	458.910	2,020.940	**3,491.600**
Linz—Wels	25	S P G	49.375	36.716	152.256	**238.347**	987.500	734.320	3,045.120	**4,766.940**
Wels—Salzburg	100	S P G	124.220	79.254	306.877	**510.351**	621.100	396.270	1,534.385	**2,551.755**
Summe laut Betriebsleistungsausweis 1926	314		598.695 ⏟ 1,011.830	413.135	1,229.421	**2,241.251**				
Summe lt. Heizhausstatistik 1926			1,157.000		1,251.000	**2,408.000**				

Strecke	Länge	Fahrt-Richtung	h	Arbeits-länge l	$\Delta h_w + \Delta h_k = 4·9\, l$	h_w
	km		m	km	m	m
Wien—St. Pölten .	61	→	+ 184·10	48·55	237·90	422·00
		←	+ 68·20	45·90	224·90	293·10
St. Pölten—Amstetten	64	→	+ 0·85	64·00	313·60	314·50
		←	— 0·85	64·00	313·60	312·70
Amstetten—Linz .	64	→	+ 70·89	51·40	251·90	322·80
		←	+ 10·65	63·90	313·10	323·80
Linz—Wels . . .	25	→	+ 53·60	24·40	119·60	173·20
		←	— 53·60	24·40	119·60	66·00
Wels—Salzburg .	100	→	+ 256·11	83·50	409·20	665·30
		←	+ 61·06	77·20	378·30	439·40

Angenommene mittlere Fahrgeschwindigkeiten:

Für alle Schnellzüge . . . . V = 80 km/h
„ „ Personenzüge . . . . V = 50 „
„ „ Güterzüge . . . . V = 40 „

für die Linie Wien—Salzburg.

Zugart	Durchschnittl. Aufenthaltszahl a	Δh_b je Aufenthalt	a . Δh_b	h_w + + a . Δh_b	$\overleftrightarrow{Hw}$		Anmerkung
		m	m	m	Z.-A.	m	
S	1	29·4	29·4	451·40	S	785·70	$w_m = 4{\cdot}9$ kg/t
P	20	11·5	230·0	652·00			
G	10	7·4	74·0	496·00	P	1.117·60	
S	1·4	29·4	41·2	334·30			
P	15	11·5	172·5	465·60	G	840·90	
G	7	7·4	51·8	344.90			
S	1·6	29·4	47·0	361·50	S	706·60	Zusatzhöhe für den Wiederersatz der durch Bremsung vernichteten Energie beim Wiederanfahren des Zuges: $\Delta h_b = 0{\cdot}46 \left(\frac{V}{10}\right)^2$
P	13	11·5	149·5	464·00			
G	8	7·4	59·2	373·70	P	926·20	
S	1·1	29·4	32·4	345·10			
P	13	11·5	149·5	462·20	G	745·60	
G	8	7·4	59·2	371·90			
S	1·6	29·4	47·0	369·80	S	746·50	
P	14	11·5	161·0	483·80			
G	9	7·4	66·6	389·40	P	991·60	
S	1·8	29·4	52·9	376·70			
P	16	11·5	184·0	507·80	G	779·80	
G	9	7·4	66·6	390·40			
S	1	29·4	29·4	202·60	S	295·10	
P	6	11·5	69·0	242·20			
G	3	7·4	22·2	195·40	P	377·20	
S	0·9	29·4	26·5	92·50			
P	6	11·5	69·0	135·00	G	283·60	
G	3	7·4	22·2	88·20			
S	3·3	29·4	97·0	762·30	S	1.304·60	
P	21	11·5	241·5	906·80			
G	15	7·4	111·0	776·30	P	1.633·70	
S	3·5	29·4	102·9	542·30			
P	25	11·5	287·5	726·90	G	1.326·70	
G	15	7·4	111·0	550·40			

Gesamte Widerstandshöhe: Wien—Salzburg—Wien.

Zugart	Hinfahrt	Rückfahrt	Zusammen
Schnellzüge . . .	2.148 m	1.691 m	3.839 m
Personenzüge . .	2.749 m	2.297 m	5.046 m
Güterzüge	2.231 m	1.746 m	3.977 m

Tafel 7.

Berechnung des Energiebedarfes für die Linie Wien—Salzburg

aus dem maßgebenden Wagenbrutto (Tafel 5) und den Widerstandshöhen (Tafel 6).

Zeile	Strecke	Länge	Hw ⟷		Schnellzüge		Personenzüge		Güterzüge		Zgf.-Arb. zusammen
					Maßgebendes Wagenbrutto	Zgf.-Arb.	W.-Br.	Zgf.-Arb.	W.-Br.	Zgf.-Arb.	
		km	Zugart	m	t	KWh	t	KWh	t	KWh	KWh
1	Wien—St. Pölten . . .	61	S P G	785·7 1.117·6 840·9	1,186.460	2,540.000	1,639.430	4,170.000	1,493.650	3,423.000	10,133.000
2	St. Pölten—Amstetten .	64	S P G	706·6 926·2 745·6	1,178.500	2,269.000	557.400	1,407.000	2,573.300	5,228.000	8,904.000
3	Amstetten—Linz	64	S P G	746·5 991·6 779·8	1,011.750	2,058.000	458.910	1,240.000	2,020.940	4,294.000	7,592.000
4	Linz—Wels	25	S P G	295·1 377·2 283·6	987.500	794.000	734.320	755.000	3,045.120	2,353.000	3,902.000
5	Wels—Salzburg	100	S P G	1.304·6 1.633·7 1.326·7	621.100	2,208.000	396.270	1,764.000	1,534.385	5,547.000	9,519.000
6	Zusammen . . .	**314**				**9,869.000**		**9,336.000**		**20,845.000**	**40,650.000**
7	3·8% Zuschlag wegen Divergenz der Betriebsleistungs- und Heizhausstatistik um 7·5% (2.241, bzw. 2.408 Mill. tkm) und zur Berücksichtigung gewisser Leistungen, die im Betriebsleistungsausweise nicht zum Ausdruck kommen					+ 375.000		+ 355.000		+ 792.000	+ 1,522.000
8	Ab 1% Güterverkehr für entfallende Kohlentransporte Gesamtgüterverkehr: 1.229 Mill. tkm Eigenkohle . . . . 12 „ „									— 208.000	— 208.000

9	Somit Energiebedarf für die Anhängelast 1926	10,244.000		9,691.000		21,429.000	41,364.000
10	Zuschlag für Lokomotivgewicht; 20% von Zeile 9	2,049.000		1,938.000		4,286.000	8,273.000
11	Zuschlag für künftige Verkehrssteigerung: a) Anhängelast; 20% von Zeile 9	2,049.000		1,938.000		4,286.000	8,273.000
12	b) Lokomotiven; 10% von Zeile 10	205.000		194.000		429.000	828.000
13	Zuschlag für 240.000 Verschubstunden je 25 KWh						6,000.000
14	Somit Energiebedarf am Triebradumfange						64,738.000
15	Daher Energiebedarf am Stromabnehmer; Wirkungsgrad $\eta_1 = 78\%$						82,997.000
16	Erfordernis für Wagenheizung und Beleuchtung 1.300,000.000 Brtkm je 3·5 Wh						4,550.000
17	Erfordernis für Druckluft und Vakuumbremse 124.000 h je 4·5 KWh						560.000
18	Daher Gesamterfordernis am Stromabnehmer						**88,107.000**
19	Somit Energiebedarf beim Stromeintritt in die Unterwerke; Wirkungsgrad $\eta_2 = 90\%$						**97,895.000**
20	**Somit Gesamtenergiebedarf für den Verkehr 1926 + 20%: rund 98 Millionen KWh.**						

Tafel 8.

Rechnungsgrundlagen für die Kontrollrechnung Innsbruck—Bludenz.

Rechnungsgrundlagen		Innsbruck—Landeck	Landeck—Bludenz
Mittleres Gewicht einer			
Schnellzuglokomotive	t	115	115
Personenzuglokomotive	„	94	94
Güterzuglokomotive	„	75	75
Mittlere Fahrgeschwindigkeit:			
Schnellzug	km/h	80	60
Personenzug	„	50	40
Güterzug	„	40	35
Laufwiderstand: Mittelwert für alle Züge	kg/t	4·75	4·6
Krümmungswiderstand, bezogen auf die ganze Streckenlänge	„	0·65	1·3
Daher: Mittlerer Fahrwiderstand w_m =	kg/t	5·4	5·9

Tafel 9.

Betriebsleistung auf der Linie Innsbruck—Bludenz
in der Zeit vom 1. Dezember 1926 bis 25. November 1927.

1	2	3	4				5				6	
Strecke	Betr. km	Zugart	1000 Wagen-Brtkm 1000 Lok.-tkm				Maßgebendes Gesamtzuggewicht für Hin- und Rückfahrt $\frac{\text{Wagen-Brtkm} + \text{Lok.-tkm}}{2 \times \text{Betr. km}}$				Lokomotivgewicht in % des Zuggewichtes	
			Einzeln			Zusammen	Einzeln			Zusammen		
Innsbruck—Landeck	72	S	64.350 23.200				608.000				27	
		P		55.500 32.790		**253.300** **75.660**		614.000		**2,284.000**	37	23
		G			133.450 19.670				1,062.000		13	
Landeck—Bludenz	64	S	57.700 23.460				634.000				29	
		P		34.800 19.800		**226.100** **86.620**		427.000		**2,443.000**	37	28
		G			133.600 43.360				1,382.000		24	

Tafel 10.

Kontrollweise Berechnung des Energiebedarfes der Linie Innsbruck—Bludenz
für die Zeit vom 1. Dezember 1926 bis 25. November 1927.

Zeile	Strecke	Länge	H_w		Schnellzüge		Personenzüge		Güterzüge		Zugförderungsarbeit zusammen
					Maßgebendes Zugsbrutto	Zugförderungsarbeit	Maßgebendes Zugsbrutto	Zugförderungsarbeit	Maßgebendes Zugsbrutto	Zugförderungsarbeit	
		km	Z.-A.	m	t	KWh	t	KWh	t	KWh	KWh
1	Innsbruck—Landeck .	72	S P G	935·60 1.214·70 980·10	608.000	1,552.000	614.000	2,035.000	1,062.000	2,836.000	6,423.000
2	Landeck—Bludenz . .	64	S P G	1.796·00 1.845·40 1.781·20	634.000	3,105.000	427.000	2,147.000	1,382.000	6,707.000	11,959.000
3	Energiebedarf für die Zuglast	136				4,657.000		4,470.000		9,336.000	18,382.000
4	Zuschlag für 16.000 Verschubstunden je 25 KWh . .									400.000	400.000
5	Somit Energiebedarf am Triebradumfange					4,657.000		4,470.000		9,736.000	18,782.000
6	Daher Energiebedarf am Stromabnehmer: $\eta_1 = 78\%$					5,970.000		5,731.000		12,482.000	24,080.000
7	Erfordernis für . . .	$^1/_2$ der Wagenheizung (Rest: Dampf) für 106,000.000 Personenwagen-tkm je 3·5 Wh									371.000
		die Druckluft- und Vakuumbremse für 27.000 Stunden Schnell- und Personenzugfahrzeit je 4·5 KWh									122.000
8	Daher Gesamterfordernis am Stromabnehmer										24,573.000
9	Somit Energiebedarf beim Stromeintritt in die Unterwerke (Hochspannungsseite); Wirkungsgrad $\eta_2 = 90\%$ . .										27,303.000
	Hieraus ergibt sich nach Abzug von 5% Energieverlust in den Unterwerken:										
10	a	Energieverbrauch auf der Niederspannungsseite der Unterwerke: Rechnungsmäßig:									25,938.000
	b	Energieverbrauch auf der Niederspannungsseite der Unterwerke: Wirklich gemessen:									25,475.000

Das Rechnungsverfahren liefert also einen um 1·8% größeren Energieverbrauch als die tatsächliche Messung an den Unterwerkszählern.

Energiebedarfsrechnung II.

(Prof. Dr. Wist.)

Der Energiebedarf setzt sich aus folgenden Teilbeträgen zusammen:

1. Energiebedarf zur Überwindung des Fahrwiderstandes.
2. Energiebedarf zur Deckung der Verluste und Nebenverbräuche der Triebfahrzeuge.
3. Energiebedarf für Verschiebedienst.
4. Energiebedarf für elektrische Zugsheizung und -beleuchtung.
5. Energiebedarf für den Leerverbrauch der Triebfahrzeuge bei Stillstand.
6. Energiebedarf für die Deckung der Verluste in der Fahrleitung.
7. Energiebedarf für die Deckung der Verluste und des Nebenbedarfes in den Umspannwerken.

Die Summe dieser Beträge von 1. bis 7. ergibt den Energiebedarf an den Hochspannungs-Sammelschienen der Unterwerke.

Die Zugstonnenkilometer ergeben sich aus dem mittleren Anteil des Lokomotivgewichtes am Zugsgewicht. Die Werte hiefür wurden im allgemeinen vom Dampfbetrieb übernommen. Es lassen sich zwar im elektrischen Betriebe wegen der besseren Ausnützung der Adhäsion und des Entfalles der Tender günstigere Werte erreichen, sie sollen jedoch wegen der dem elektrischen Betriebe noch nicht angepaßten Zugförderung nicht in Rechnung gestellt werden.

ad 1. Der Fahrwiderstand besteht aus folgenden Einzelbeträgen:

a) Dem Bahnwiderstande der Lokomotiven auf gerader, wagrechter Strecke. Dieser wurde Messungsergebnissen einer Reihe von deutschen und schweizerischen Lokomotiven entnommen. Für Lokomotiven mit Einzelachsantrieb, wie sie für die Strecke Wien—Salzburg hauptsächlich in Frage kommen dürften, liegen diese Werte, wie neuere Versuche zeigen, wesentlich günstiger. Der Rechnung wurden die höheren Werte der Lokomotiven älterer Bauart zu Grunde gelegt.

b) Dem Bahnwiderstand für die Anhängelast. Er wurde nach den in der Tafel 11 (Seite 115) angegebenen Formeln errechnet. Um auch ungünstigeren Bahnwiderstandsverhältnissen (Schneefälle, Sturm ꝛc.) Rechnung zu tragen, wurde hiezu noch ein entsprechender Zuschlag gemacht.

c) Dem mittleren zusätzlichen Bahnwiderstand in Kurven, der nach der Röckel'schen Formel aus dem Krümmungsband ermittelt wurde.

d) Dem mittleren Steigungswiderstand, der aus der Summe der maßgebenden Hubhöhen für die Strecke Wien—Salzburg und zurück nach dem Höhenplan ermittelt wurde.

e) Dem Widerstand, der den Abbremsungen der Züge von der Auslaufgeschwindigkeit bis auf Stillstand entspricht; hiebei wurden die drehenden Massen der Lokomotiven berücksichtigt. Die Zahl der Anfahrten wurde aus dem Fahrplan 1927/28 ermittelt.

ad 2. Der Wirkungsgrad der Triebfahrzeuge wurde bei halber Leistung der Triebmotoren einschließlich der Nebenleistungen für Lüfter, Motorkompressoren, Ölpumpen ꝛc. mit 80% angenommen. Dieser Wert ist ein Mittelwert aus einer Reihe von Messungen im elektrischen Vollbahnbetrieb älteren und neueren Datums, die der Referent in seiner Praxis ausgeführt hat.

Der Verbrauch für die Vakuumpumpe wurde aus den mittleren Zugsstunden berechnet und auf den Stromabnehmer bezogen.

ad 3. Der Energiebedarf für den Verschiebedienst der Elektrolokomotiven läßt sich nicht ohneweiters aus dem Kohlenverbrauche der Dampflokomotiven ermitteln, da die Elektrolokomotive im Verschiebedienste wesentlich wirtschaftlicher arbeitet als die Dampflokomotive. Versuche, die mit elektrischen Verschiebelokomotiven im In- und Ausland ausgeführt wurden, haben einen Verbrauch von 35 bis 40 Wh/tkm am Stromabnehmer ergeben. Insbesonders wurden die Versuche mit den D-Verschiebelokomotiven der Reihe 1.070 am Bahnhof Attnang-Puchheim eingehend studiert und daraus der Energiebedarf für die Verschiebeleistung der Strecke Wien—Salzburg zu 5 Millionen KWh ermittelt.

ad 4. Für den Verkehr 1926 + 20% wird für Heizung und Beleuchtung auf den Stromabnehmer bezogen, ein Wert von rund 5,000.000 KWh der weiteren Rechnung zu Grunde gelegt.

ad 5. Der Leerverbrauch, der sich bei den im Dienste stehenden Lokomotiven dadurch ergibt, daß sie bei Stillstand unter Spannung stehen, beträgt rund 1,000.000 KWh am Stromabnehmer.

ad 6. Die Leitungsverluste in der Fahrleitung können unter der Annahme einer Unterwerksentfernung von rund 80 km, bei getrenntem Betriebe der einzelnen Gleise- und Streckenabschnitte, Ausrüstung mit Einheitsfahrleitung mit 100 mm² der Österreichischen Bundesbahnen und dem zu Grunde gelegten Verkehre mit 6% angenommen werden.

ad 7. Der mittlere Jahreswirkungsgrad, der den Umspannwerken 100/15 KV zu Grunde gelegt werden kann, beträgt 94%.

Die Ermittlung des gesamten Energiebedarfes wurde für die einzelnen Zugsgattungen getrennt durchgeführt, entsprechend den verschiedenen Geschwindigkeiten und Bahnwiderständen der elektrischen Fahrbetriebsmittel.

Die verwendeten Formeln, die Größen der einzelnen Teilbeträge und die sich daraus ergebenden Resultate sind in der nachstehenden Tafel 11 übersichtlich zusammengestellt.

Gemäß den eingangs gemachten Annahmen eines um 20% erhöhten Verkehres des Jahres 1926 und einer gegenüber dem Dampfbetrieb erhöhten Fahrgeschwindigkeit ergibt sich an den Eintrittstellen der Unterwerke gemessen, ein Energiebedarf von rund 96·2 Millionen KWh.

Tafel 11.

Bezeichnung		Güterzüge
Anhängelast-tkm laut Ausweis 1926	Millionen	1·251
Anhängelast-tkm 1926 + 20%	Millionen	1·503
Anhängelast-tkm für Kohlentransport	Millionen	18·6
Lokomotiv-Gewichtsanteil in %		15
Zugs-tkm	Millionen	1·745
Mittlere Fahrgeschwindigkeit km/h		38
Zahl der Haltestellen für Hin- und Rückfahrt		100
$W_{Lok.}$ = Widerstand der Lokomotive in kg/t		6
Widerstand in kg/t: Fahrwiderstand in der wagrechten Geraden		3·660
Steigungswiderstand		1·085
Krümmungswiderstand		0.300
Bremswiderstand		0·605
Gesamter Fahrwiderstand in kg/t für Wien—Salzburg u. zurück		5·650
Gesamter Fahrwiderstand in Wh/tkm für Wien—Salzburg und zurück		15·40
Energieverbrauch am Radumfang in Millionen KWh		26·900
Energieverbrauch am Radumfang in Millionen KWh		26:900

Gesamtverbrauch in KWh am Triebradumfang 59,175.000

η der Lokomotive = 0·80 bei Halblast einschließlich Nebenleistungen
Gesamtverbrauch in KWh am Stromabnehmer 73,966.500

Verschub 5,000.000
Heizung 5,000.000
Leerverbrauch bei stillstehender Lokomotive . . . . 1,000.000*)
Vakuumpumpe 300.000
85,266.500

Verluste in der Fahrleitung = 6% 5,115.990

KWh am Unterwerk sekundär . . . . 90,382.490 KWh
η des Unterwerkes = 0·94

KWh am Unterwerke primär . 96,154.800 KWh

*) Dieser Betrag kann bei sparsamem Stromverbrauche bedeutend vermindert werden.

Triebwagen und Lokalzüge	Personenzüge mit Aufenthalt in allen Haltest.	allen Stationen	großen Stationen	Schnellzüge mit Aufenthalt in allen Schnellzugsstationen	großen Schnellzugsstationen	Expreßzüge
171·1	179·2	126·9	62·4	177·6	388·2	51·6
205·5	215·0	152·3	75·0	213·0	466·0	62·0
—	—	—	—	—	—	—
18	22	22	20	20	20	20
251·0	275·5	195·0	93·6	266·5	582·0	77·5
50	54	60	70	75	80	83
174	174	92	68	40	14	6
6·5	6·6	7	8	8·5	9	9·4
3·720	3·970	4·220	4·370	4·380	4·620	4·795
1·085	1·085	1·085	1·085	1·085	1·085	1·085
0·300	0·300	0·300	0·300	0·300	0·300	0·300
1·844	2.155	1·403	1·410	0·948	0·379	0·174
6·949	7·510	7·008	7·165	6·713	6·384	6·354
18·93	20·45	19·10	19·54	18·30	17·38	17·30
4·750	5·645	3·722	1·828	4·880	10·110	1·340
15·945				16·330		

Fahrwiderstand der Anhängelast

$$W_W = a + b \left(\frac{V}{10}\right)^2;\ V \text{ in km/h}$$

für Güterzüge . . . . $a = 2·5,\ b = 1/15$

„ Personenzüge . . . . $a = 2·5,\ b = 1/30$

„ Schnellzüge . . . . $a = 2·2,\ b = 1/40$

Fahrwiderstand des ganzen Zuges einschließlich der Lokomotive

$$W = X \times W_{Lok} + (1 - X)\, W_W$$

X Anteil des Lokomotivgewichtes am Zuggesamtgewicht.

Der Energiebedarf, bezogen auf einen Zugstonnenkilometer (samt Lokomotive) ergibt sich an den Eintrittstellen der Unterwerke zu 27·5 Wh/tkm, oder an den Kraftwerkssammelschienen zu 29 Wh/tkm *).

Im nachstehenden sollen des Interesses halber gemessene Werte größerer elektrischer Vollbahnanlagen angegeben werden.

Reichsbahndirektor W e c h m a n n gibt in der Zeitschrift „Elektrische Bahnen" 1927, eine Zusammenstellung der Bahnen des Deutschen Reiches, die auszugsweise in Tafel 12 wiedergegeben ist.

Tafel 12.

Bahnnetz	Gemessener Wh-Verbrauch je Zugstonnenkilometer einschließlich Lokomotive an den Kraftwerksammelschienen[1])						
		1922	1923	1924	1925	1926	1927[2])
Schlesische Gebirgsbahnen Breslau—Görlitz 2c.	Mill. KWh	13·87	14·26	25·72	40·10	46·44	51·26
	Mill. Brtkm	546·2	502·8	922·1	1453·8	1716·1	2001·7
	Wh/tkm	25·3	28·3	27·8	27·6	27·0	25·5
Strecken in Mitteldeutschland Magdeburg—Leizig—Halle	Mill. KWh	6·10	11·53	16·49	27·95	34·08	36·64
	Mill. Brtkm	303·9	558·6	842·1	1368·6	1592·4	1560·63
	Wh/tkm	20·1	20·6	19·6	20·4	21·4	23·5
Strecken in Bayern	Mill. KWh	3·28	3·10	3·60	27·67	50·51	82·77
	Mill. Brtkm	107·5	74·7	86·1	805·2	1652·8	3453·04
	Wh/tkm	30·5	41·5	41·8	34·4	30·6	24·0

[1]) Aus „Elektrische Bahnen" 1927, Heft 1 (Wechmann).
[2]) Nach schriftl. Mitteilung des Herrn Reichsbahndirektors Wechmann.

Der Kilowattstundenverbrauch bezieht sich auf die Kraftwerkssammelschienen einschließlich des Verschubverbrauches, während die angegebenen Bruttotonnenkilometer einschließlich der Lokomotivgewichte, aber ohne die Verschiebeleistungen zu verstehen sind.

*) Die Österreichischen Bundesbahnen haben für die Strecke Wien—Salzburg einen spezifischen Stromverbrauch an der Eintrittstelle der Unterwerke für die Anhängelast von 41 Wh/tkm angegeben, der einem spezifischen Verbrauche von rund 33·7 Wh/tkm entspricht, wenn das Lokomotivgewicht in die tkm einbezogen ist.

Man sieht daraus, daß der spezifische Energieverbrauch der Schlesischen Gebirgsbahnen, die ungünstige Neigungsverhältnisse von 10 bis 20‰ enthalten, kleiner ist als der für die Strecke Wien—Salzburg berechnete Verbrauch. Daß der angegebene Wert für Schlesien im letzten Jahre noch gesunken ist, rührt von der Inbetriebnahme der Strecken nach Görlitz und Schlauroth mit geringen Neigungen her.

Bei den bayrischen Strecken ist die Abnahme des spezifischen Energieverbrauches ebenfalls darauf zurückzuführen, daß zuerst die ausgesprochenen Gebirgsstrecken elektrisch betrieben und allmählich erst die Flachlandstrecken angeschlossen wurden.

Auf der Riksgränsenbahn ergaben die neuen 1 C + C 1-Lokomotiven als Mittelwert aus drei Lastfahrten mit dem 2.000 t-Zug am Stromabnehmer 13·35 Wh/tkm *).

Für die Strecke Stockholm—Gothenburg wird als Jahresmittelwert für Güter- und Personenzüge 27 Wh/tkm (tkm einschließlich Lokomotivgewicht) angegeben. Es müssen aber bei dieser Bahn die größeren Fahrleitungsverluste berücksichtigt werden, die wegen der dort angewendeten gesonderten Rückleitung auftreten.

Zusammenfassung.

Die Rechnung Prof. Dr. Oerley hat für den um 20% erhöhten Verkehr des Jahres 1926 einen Energiebedarf der Strecke Wien—Salzburg von rund 98 Millionen KWh ergeben, die Rechnung Prof. Dr. Wist einen solchen von 96 Millionen KWh. Die Sachverständigen haben nach Entgegennahme beider Berichte es für angemessen erachtet, der nachfolgenden Ermittlung der Energiekosten einen Energiebedarf von

100 Millionen KWh,

bezogen auf die Stromeintrittsseite der Unterwerke, zu Grunde zu legen.

---

*) Siehe AEG-Mitteilungen Juni 1923.

B. Energiebedeckung und Energiekosten.

Da der Strompreis bei der Wirtschaftlichkeit einer elektrischen Vollbahn von ausschlaggebender Bedeutung sein kann, insbesondere wenn der Zinsfuß hoch und die Kohlenpreise niedrig sind, so wurde von den Sachverständigen die Erzeugung des Bahnstromes einem eingehenden Studium unterzogen.

Der gesamte Stromverbrauch der Linie Wien—Salzburg beträgt jährlich rund 100 Millionen KWh *). Im nachstehenden sollen einige Wege angegeben werden, die nach Ansicht der Sachverständigen eine billige Bahnstromerzeugung gewährleisten und auch eine spätere Einbeziehung der Bahnstromversorgung der Linie Wien—Salzburg in eine großzügige Elektrizitätserzeugung und -verteilung leicht ermöglichen.

In den Bahnkraftwerken stehen die in Tafel 13 angegebenen Energiemengen zur Verfügung. Bei Vollbetrieb der elektrifizierten Strecken westlich von Salzburg einschließlich der Mittenwaldbahn werden für den Verkehr 1926 laut Angabe der Elektrifierungsdirektion 107·7 Millionen KWh an den Kraftwerkssammelschienen benötigt. Die Nachrechnung des Energiebedarfes dieser Strecken ergab unter den gleichen grundsätzlichen Annahmen wie für die Strecke Wien—Salzburg einen Verbrauch von 102 Millionen KWh. Es soll aber für die Strecken westlich von Salzburg die höhere Zahl der Elektrifierungsdirektion zu Grunde gelegt werden. Für den um 20% erhöhten Verkehr für 1926 ist demnach ein Energieverbrauch von rund 129 Millionen KWh erforderlich.

Der derzeitige Ausbau der Kraftwerke umfaßt im Trockenjahre rund 150 Millionen KWh und im Regeljahr 162 Millionen KWh, wobei die Stromlieferung des Achenseewerkes mit 28 Millionen KWh angenommen ist. Da angesichts der sehr verschiedenen Lage der Kraftwerke das gleichzeitige Auftreten der geringsten Zuflußmengen ganz

*) Die Stadt Wien benötigte im Jahre 1927 rund 450 Millionen KWh.

Tafel 13.

Übersicht über die Leistungsfähigkeit der Bahnkraftwerke.

Kraftwerke	Derzeitiger Ausbau				Vollausbau			
	Maschinensätze Zahl × KW	Speicher Millionen KWh	Jahresenergie		Maschinensätze Zahl × KW	Speicher Millionen KWh	Jahresenergie	
			Trockenjahr Millionen KWh	Regeljahr Millionen KWh			Trockenjahr Millionen KWh	Regeljahr Millionen KWh
Stubachwerk	4 × 5.300	19·4	32·6	34·9	6 × 5.300	19·4	32·9	40·8
Mallnitzwerk	2 × 3.300	—	31·0	38·3	4 × 3.300	2·2	42·2	50·5
Achenseewerk	3 × 5.300	—	25·0 — 35·0	25·0 — 35·0	4 × 5.300	—	35·0 — 40·0	35·0 — 40·0
Ruetzwerk	2 × 2.000 1 × 5.300	—	33·8	36·8	2 × 2.200 1 × 5.300	—	33·8	36·8
Spullerseewerk	4 × 5.300	18·1	24·0	23·5	6 × 5.300	18·1	24·0	23·5
Zusammen . .			**146·4 — 156·4**	**158·5 — 168·5**			**167·9 — 172·9**	**186·6 — 191·6**

unwahrscheinlich ist, so wurde den nachfolgenden Erwägungen hinsichtlich der Energiebedeckung als kleinste Jahreserzeugung der Mittelwert aus Trocken- und Regeljahr zu Grunde gelegt, der beim derzeitigen Ausbau 156 Millionen KWh beträgt.

Bei Vollausbau der Bahnkraftwerke (gemäß Tafel 13) und voller Stromlieferung des Achenseewerkes erhöht sich dieser maßgebende Mittelwert auf 182 Millionen KWh.

Es stehen somit für die Linie Wien—Salzburg aus dem Streckennetze westlich von Salzburg (1926 + 20%) beim derzeitigen Ausbau 27 Millionen KWh und beim vollen Ausbau 53 Millionen KWh zur Verfügung, von welchen für die Strecke Wien—Salzburg 37 Millionen KWh in Anspruch genommen werden sollen. (Tafel 14.)

Tafel **14.**

Ermittlung und Verwendung der Überschußenergien

aus dem westlichen Kraftwerksnetze,

bei Vollausbau gemäß Angabe Seite 121.

Kraftwerk	Maschinensätze Zahl × KW	Jahresenergie im		
		Trockenjahre	Regeljahre	Mittel
		Millionen KWh		
Stubachwerk	6 × 5.300	32·9	40·8	36·8
Mallnitzwerk	4 × 3.300	42·2	50·5	46·3
Achenseewerk	3 bzw. 4 × 5.300	28—40	28—40	28—40
Ruetzwerk	2 × 2.200 1 × 5.300	33·8	36·8	35·3
Spullerseewerk	5 × 5.300	24·0	23·5	23·8
Zusammen		**160·9 — —172·9**	**179·6 — —191·6**	**170·2 — —182·2**
Bedarf für die elektrische Zugförderung westlich von Salzburg für 1926 + 20%, Angabe der Generaldirektion in Millionen KWh				129·2
Somit verfügbar für andere Strecken, bzw. für Salzburg—Wien in Millionen KWh				41—53

Da diese Energie vorwiegend eine Spitzenenergie ist, so wird daher vorgeschlagen, die Kraftwerke, die der Bahnlinie Wien—Salzburg am nächsten liegen, gegenüber dem derzeitigen Ausbau durch einige Maschinensätze zu ergänzen. Die Übertragungsspannung von 55 KV — angesichts des ausgedehnten Bahnnetzes ohnedies schon gering — ist für eine

Weiterleitung der Energie über Salzburg hinaus bis zu den Unterwerken Ederbauer oder Wels zu niedrig *). Bei der Entnahme einer Spitzenenergie von 37 Millionen KWh ist der zusätzliche Ausbau des Stubachwerkes mit 100 KV empfehlenswert.

Um die Stromversorgung des Bahnnetzes westlich von Salzburg unter allen Umständen sicherzustellen, wird nicht nur ein Ausbau der östlichen Kraftwerksgruppe, sondern sogar eine Ergänzung der westlichen Kraftwerksgruppe in Aussicht genommen; es erscheint demnach der folgende Ausbau empfehlenswert:

1. Spullerseewerk,
   Aufstellung eines fünften Generators um die Spitze von vier Maschinensätzen ausnützen zu können;
2. Stubachwerk,
   a) Aufstellung von weiteren zwei Generatoren (einer in Reserve), inklusive Transformator und Schaltanlage samt baulicher Erweiterung für 100 KV;
   b) Überleitung des Weißsees;
3. Mallnitzwerk,
   a) zweiter Rohrstrang; Aufstellung zweier Maschinensätze (davon einer in Reserve), einschließlich Transformator und Schaltanlage und bauliche Erweiterungen;
   b) Stappitzseespeicher;
4. 100 KV-Leitung von Stubach über Schwarzach-St. Veit bis Vöcklamarkt (Timelkam);
5. Verstärkung der Übertragungsleitung Achensee-Stubach durch Auswechslung gegen einen größeren Querschnitt;
6. Ausbau des Unterwerkes Schwarzach-St. Veit für den Anschluß des Mallnitzwerkes an 100 KV.

Die Anlagekosten der unter 1 bis 6 genannten Erweiterungsbauten werden einschließlich 10% für Unvorhergesehenes zusammen mit 14·2 Millionen Schilling veranschlagt.

*) Auch von den Österreichischen Bundesbahnen wurde die Errichtung eines Umspannwerkes mit 100 KV-Spannung in Schwarzach-St. Veit in Erwägung gezogen.

Die Verzinsung, Tilgung und Erhaltung erfordert zirka 10% des Anlagewertes, daher ergeben sich die Jahresenergiekosten bei einer Entnahme von 37 Millionen KWh ab Kraftwerk oder von 35 Millionen KWh an der Eintrittstelle der Unterwerke

$$\text{zu } \frac{1,420.000}{35,000.000} = 4 \cdot 05 \text{ Groschen je KWh.}$$

Bei Berechnung dieses Strompreises wurde nicht berücksichtigt, daß der geplante Ausbau auch den bereits elektrifizierten Strecken zugute kommt.

Da nun von dem Gesamt-Energiebedarfe von 100 Millionen KWh der Linie Wien—Salzburg 35 Millionen KWh aus dem westlichen Netze bedeckt sind, muß noch die Beschaffung der verbleibenden 65 Millionen KWh erörtert werden.

Diese sind eine ausgesprochene Grundenergie von zirka 6.000 bis 6.500 Benützungsstunden bei einer größten Leistung von rund 10.000 KW und können, da die größte Spitze bereits von den vorhandenen Bahnkraftwerken geliefert wird, billiger erzeugt werden. Hiefür kann ein Niederdruckwasserwerk oder ein mit einheimischer Braunkohle versorgtes Dampfkraftwerk in Frage kommen. Da der Ausbau kleiner Wasserkraftwerke verhältnismäßig teuer sein kann, so wurde für die Vergleichsrechnung an eine eventuelle Erweiterung des Dampfkraftwerkes in Timelkam gedacht. Es kann hiebei für die 65 Millionen KWh mit einem Strompreise von 6·3 Groschen ab Eintrittstelle Unterwerk gerechnet werden, wenn längs der Bahnlinie Wien—Salzburg vom Stromlieferanten eine besondere Einphasendoppelleitung von 100 KV errichtet wird.

Die Energiekosten zur Versorgung der Linie Wien—Salzburg für den Verkehr 1926 + 20% ergeben sich daher wie folgt:

35 Millionen KWh je 4·05 Groschen	S 1,420.000·—
65 „ „ „ 6·30 „	„ 4.095.000·—
Zusammen	S 5,515.000·—

Andere Lösungen, die zu noch geringeren Strompreisen führen können, hängen mit der einheitlichen Landesstromversorgung innig zusammen.

Die Österreichischen Bundesbahnen haben bisher wie die Deutsche Reichsbahn und die Schweizerischen Bundesbahnen eigene Bahnkraftwerke gebaut. Die für Bahnen erforderliche Energie ist zwar an und für sich recht beträchtlich, aber im Vergleiche zu der gesamten, in einem Lande mit nennenswerter Industrie verbrauchten Energie nur ein Bruchteil dieses Energiebedarfes. So betrug in Österreich gemäß der Aufstellung der Wewa die Gesamterzeugung an elektrischer Energie im Jahr 1927 rund 2.400 Millionen KWh. Hievon entfallen auf die bisher elektrifizierten Hauptbahnlinien 45 Millionen KWh. Die Österreichischen Bundesbahnen würden im Falle der Elektrifizierung ihrer Hauptlinien beim heutigen Verkehr eine Energie von rund 400 Millionen KWh erfordern. Bei der erzeugten Gesamtenergie im Jahr 1927 würde dies einen Verhältniswert von nur 14·5% ausmachen. Da bis zum Zeitpunkte der Elektrifizierung der Hauptlinien die Gesamtenergieerzeugung, wie der Vergleich mit anderen Ländern zeigt, auch bei uns gewiß noch erheblich ansteigen wird, so ist der Prozentsatz der Bahnenergie zur Gesamtenergie in Wirklichkeit noch kleiner.

Die gesonderte Erzeugung von Bahnstrom in eigenen Bahnkraftwerken wird trotz des günstigen Wirkungsgrades von der Erzeugungsstelle bis zum Radumfang in der letzten Zeit von vielen Ländern verlassen und wird dort die Bahnstromerzeugung in die allgemeine Energieversorgung des Landes einbezogen, um die Bahnen auf diese Weise mit billigem Strom versorgen zu können.

Für die Allgemeinheit erscheint es zweckmäßiger, Drehstrom statt Einphasenstrom zu erzeugen und die Unterwerke der Bahn mit rotierenden Umformern auszurüsten, wodurch wohl die Anlagekosten je Unterwerk erhöht werden — was beim gesamten Kapitalaufwand nur rund 3% bedeutet —, dafür aber große Vorteile hinsichtlich der Stromversorgung gewonnen werden. Bei Verfolgung dieses Planes könnte beispielsweise die vorhandene teilweise doppelpolige Drehstromleitung von Linz nach Wien, welche von Linz bis zur Schaltstation Gresten die Belastung für zwei Bahnunterwerke noch übernehmen kann, durchwegs doppelpolig ausgebaut und über Linz hinaus, z. B. bis zum Kraftwerke Timelkam verlängert werden.

Falls jedoch die Mitbenützung dieser Leitung auf Schwierigkeiten stößt, so wäre mit Rücksicht auf den stets steigenden Energiebedarf selbst der Bau einer zweiten Drehstromleitung wirtschaftlich in Erwägung zu ziehen, da von dieser der allgemeinen Stromerzeugung und Stromversorgung dienenden Leitung nur ein Teil der Stromtransportkosten der Bahn angelastet werden kann.

Diese Lösung würde für die Bahnstromversorgung eine große Sicherheit bieten, weil auf einer derartigen Drehstromleitung bei der Verbundwirtschaft verschiedene längs der Leitung liegende Drehstromkraftwerke angeschaltet werden können.

Hauptreferent: **Wist.**

Begründung zur Beantwortung der Frage 10.

(Unterschied in den Instandhaltungskosten des Triebfahrzeugparkes bei Dampfbetrieb und bei elektrischem Betriebe.)

In der Denkschrift des Vorstandes der Österreichischen Bundesbahnen sind, ausgehend von den Betriebsergebnissen des Jahres 1926, die jährlichen Instandhaltungskosten des Dampflokomotivparkes der Strecke Wien—Salzburg unter Berücksichtigung der Annahme einer 20%igen Verkehrssteigerung mit .... S 11,035.000·—
angegeben. Diesen Kosten ist ein schätzungsweiser Betrag von .... „ 8,620.000·—
als Instandhaltungsaufwand im Falle der Einführung des elektrischen Betriebes, bezogen auf die gleiche Verkehrsgröße, gegenübergestellt und daraus eine Ersparnis an Instandhaltungskosten der Triebfahrzeuge von .... S 2,415.000·—
abgeleitet worden.

Die beiden erstangeführten Beträge müssen zunächst einer Abänderung entsprechend den grundlegenden Voraussetzungen, die von den Sachverständigen in bezug auf die Eigenart und Zusammensetzung des Triebfahrzeugparkes sowohl beim Dampfbetrieb, als auch beim elektrischen Betriebe gemacht wurden, unterzogen werden.

Der jährliche Instandhaltungsbetrag von S 11,035.000·— bezieht sich auf jenen Dampflokomotivpark, der in der Denkschrift des Vorstandes der Österreichischen Bundesbahnen auf Seite 30 und 31 zwecks Vereinfachung des Rechnungsvorganges angenommen worden ist, der aber mit dem im Jahr 1926 tatsächlich im Betriebe gestandenen Fahrpark sowohl hinsichtlich der Stückzahlen, als auch der Reihen nicht vollständig übereinstimmt. Der tatsächlich in Verwendung gestandene Fahrpark wurde von den Sachverständigen schon behufs Beantwortung der Frage 7 (Bewertung der freiwerdenden Fahrzeuge des Dampfbetriebes genau erhoben und in der Beilage: Tafel 2 ersichtlich gemacht. Nachstehende Tafel 15 liefert nun — gestützt auf die Betriebsergebnisse des Jahres 1926 — die jährlichen Instandhaltungskosten:

a) für den in der Denkschrift des Vorstandes der Österreichischen Bundesbahnen angenommenen Dampflokomotivpark,

b) für den im Jahr 1926 tatsächlich in Verwendung gestandenen Fahrpark.

Tafel 15. **Jährliche Instandhaltungskosten des Dampflokomotivparkes der Strecke: Wien—Salzburg.**

Fahrpark 1926 laut Denkschrift Seite 30 und 31				Tatsächlich 1926 im Betriebe gestandener Fahrpark			
Reihe	Stückzahl	Mittl. Erhaltungskosten		Reihe	Stückzahl	Mittl. Erhaltungskosten	
		je Stück	Zusammen			je Stück	Zusammen
		Schilling jährlich				Schilling jährlich	
310	32	75.400	2,412.800	310	20	75.400	1,508.000
113	14	63.500	889.000	113	10	63.500	635.000
429	30	41.200	1,236.000	409	10	42.400	424.000
206	44	33.600	1,478.000	429	10	41.200	412.000
80	46	32.700	1,504.000	29,229	26	30.400	790.400
81	9	40.400	363.600	6,106	11	29.200	321.200
170	8	45.100	360.800	206,306	11	33.600	369.600
270	9	39.800	358.200	80	29	32.700	948.300
59	18	18.500	333.000	81	7	40.400	282.800
56	12	18.500	222.000	181	7	29.600	207.200
73	11	19.300	212.300	170	11	45.100	496.100
478	16	19.300	308.800	270	11	39.800	437.800
				30	13	28.100	365.300
				10	5	44.400	222.000
				110	6	45.100	270.600
				59	25	18.500	462.500
				56	26	18.500	481.000
				73	11	19.300	212.300
Summe	**249**		**9,678.500**	Summe	**249**		**8,846.100**
zirka 14% Zuschlag für den um 20% erhöhten Verkehr . .			1,356.500	zirka 14% Zuschlag für den um 20% erhöhten Verkehr . .			1,238.900
			11,035.000				**10,085.000**
Hievon ab die jährlichen Instandhaltungskosten der auch beim elektrischen Betriebe verbleibenden Dampf-Verschublokomotiven					16	17.300	285.000
Somit Instandhaltungsbetrag des Dampflokomotivparkes für den Vergleich mit dem Elektrofahrpark . . . . . . Schilling							**9,800.000**

Für die Ermittlung des Unterschiedes in den Instandhaltungskosten kommt somit bezüglich des Dampflokomotivparkes ein jährlicher Betrag von S 9,800.000·— in Betracht. Diese Erhaltungskosten sind für einen Dampflokomotivpark, dessen Neuwert rund 40 Millionen Schilling beträgt, verhältnismäßig hoch. Es hat dies seine Begründung darin, daß die verwendeten Dampflokomotiven im Interesse der Einhaltung des vorgeschriebenen niederen Achsdruckes in vielen Belangen nicht robust genug gebaut sind, daß sie dauernd in sehr angestrengtem Betriebe stehen und daß ihre Gesamtzahl von 249 Stück sich auf 18 verschiedene Lokomotivtypen verteilt, was eine rationelle Instandhaltung (Bevorrätigung und Austauschbarkeit der verschiedensten Konstruktionsteile usw.) sehr erschwert.

Der eingangs angeführte Aufwand von S 8,620.000·— für die jährliche Instandhaltung des *Elektrofahrparkes* ist (nach einer den Sachverständigen zugegangenen umfangreichen Studie der Generaldirektion der Österreichischen Bundesbahnen) aus den bisher vorliegenden Erfahrungen des elektrischen Betriebes abgeleitet worden, und zwar in nachstehender Art:

a)	Jährliche Instandhaltung des Elektrofahrparkes der Strecke Wien—Salzburg, bezogen auf die Verkehrsgröße 1926, entsprechend den Erfahrungen auf den Linien: Innsbruck—Bludenz und Attnang—Steinach-Irdning	S 9,120.000·—
b)	Hievon ab 15 bis 20% wegen Entfall der Anfangsschwierigkeiten und zwecks Berücksichtigung der ungewöhnlich schwierigen Streckenverhältnisse der beiden als Erfahrungsgrundlage benützten Linien von Post a)	„ 1,560.000·—
	Bleibt für Wien—Salzburg und den Verkehr 1926	S 7,560.000·—
c)	Hiezu 14% Zuschlag für vermehrte Instandhaltungskosten infolge des um 20% erhöhten Verkehres	„ 1,060.000·—
	Die Instandhaltungskosten für Wien—Salzburg, bezogen auf die Verkehrsgröße 1926 + 20%, ergeben sich somit zu	S 8,620.000·—

Hiezu ist zu bemerken, daß diese Rechnung hinsichtlich der Abzugspost b) sehr vorsichtig erstellt ist. Die Strecke Wien—Salzburg ist im großen und ganzen eine ausgesprochene Flachlandsbahn mit günstigen Steigungs- und Krümmungsverhältnissen im Gegensatze zur Salzkammergutbahn und zur Arlbergbahn, was für die Instandhaltungskosten von großer Bedeutung ist. Und ebenso muß sich auch der Entfall der Anfangsschwierigkeiten auf den beiden zuletzt genannten Linien infolge ungenügender praktischer Erfahrung aller Dienstzweige in der Behandlung elektrischer Lokomotiven, infolge Verwendung eines eben erst vom Dampfbetriebe zum Elektrobetrieb umgeschulten Lokomotivpersonals und infolge mangelnder Erfahrungen des Werkstättenpersonals hinsichtlich der Reparatur elektrischer Triebfahrzeuge in einer wesentlichen Verminderung der Instandhaltungskosten auswirken. Die Berücksichtigung all dieser Umstände durch eine Abzugspost von nur 15 bis 20% ist somit zweifellos sehr vorsichtig.

Bei Ermittlung der ausgewiesenen jährlichen Instandhaltungskosten von S 8,620.000·— wurde seitens der Generaldirektion der Österreichischen Bundesbahnen ein elektrischer Fahrpark vorausgesetzt von ähnlicher Bauart wie jener der Salzkammergut- und Arlbergbahn. Dieser Lokomotivpark ist dadurch gekennzeichnet, daß die eingebaute Leistung des elektrischen Teiles (Transformator, Triebmaschinen usw.) ungewöhnlich hoch ist in bezug auf den nur 14·5 t bis 16 t betragenden Achsdruck und daß infolgedessen bei der Konstruktion des mechanischen Lokomotivteiles eine große Sparsamkeit behufs Einhaltung des vorgeschriebenen Achsdruckes beobachtet werden mußte. Die praktische Erfahrung hat gezeigt, daß Lokomotiven solcher Bauart gegen gewisse Beanspruchung im Betriebe sehr empfindlich sind und somit bedeutend mehr Instandhaltungskosten (Reparaturen) verursachen, als Lokomotiven, die im mechanischen Teile robuster gebaut sind.

Die Sachverständigen haben nun aber für die Strecke Wien—Salzburg einen Lokomotivpark robuster Bauart mit wesentlich stärkerer Durchbildung des mechanischen Teiles in Aussicht genommen, Lokomotiven von erheblich größerem Gewicht und 18 t Achsdruck, und sie haben weiter konform den neuesten Maßnahmen und Bestrebungen des Auslandes angenommen, daß im Gegensatze zur bisherigen Vielheit in den Typen der Elektrolokomotiven, der Fahrpark für Wien—Salzburg nur wenige, sehr widerstandsfähige Lokomotivtypen aufweisen wird. Außerdem kommt für die billige und sachgemäße Instandhaltung auch noch als wertvoll die günstige Lage der Hauptreparaturwerkstätte in Linz, die nahezu im Mittelpunkte der Strecke sich befindet, in Betracht.

Maßnahmen und Umstände dieser Art müssen sich, wie auch in der schon früher erwähnten Studie der Generaldirektion der Österreichischen Bundesbahnen festgestellt wird, außerordentlich günstig in bezug auf die Höhe der Instandhaltungskosten auswirken, weshalb die Sachverständigen aus diesem Titel eine Verminderung der vorne errechneten jährlichen Instandhaltungskosten von S 8,620.000·— um 25 bis 30% für angemessen erachten. Die Rechnung stellt sich in diesem Belange wie folgt:

Instandhaltungskosten für den Verkehr 1926 + 20% unter den Voraussetzungen der Denkschrift der Generaldirektion der Österreichischen Bundesbahnen	S	8,620.000·—
Hievon ab mit Rücksicht auf robustere Bauart der Lokomotiven, Beschränkung auf wenige Lokomotivtypen und günstige Lage der Hauptreparaturwerkstätte	„	2,420.000·—
Somit: Instandhaltungskosten des von den Sachverständigen in Aussicht genommenen Elektrofahrparkes für die Verkehrsgröße 1926 + 20% ..	S	6,200.000·—

Der Unterschied in den Instandhaltungskosten des Triebfahrzeugparkes des Dampfbetriebes und des Elektrobetriebes beträgt daher:

Dampfbetrieb	S	9,800.000·—
Elektrischer Betrieb	„	6,200.000·—
Somit Unterschied zu Gunsten des elektrischen Betriebes	S	3,600.000·—

wobei die beim elektrischen Betriebe verbleibenden 16 Stück Dampf-Verschublokomotiven schon berücksichtigt sind.

Die Instandhaltungskosten des Triebfahrzeugparkes bei elektrischem Betriebe betragen daher rund 63% derjenigen des Dampfbetriebes.

Ungefähr zum gleichen Ergebnisse gelangt man, wenn man von den Erhaltungskosten pro Lokomotive ausgeht und die jeweils vorliegenden Verhältnisse sowohl beim Dampfbetriebe, wie auch beim elektrischen Betriebe gebührend berücksichtigt. Mit einer größeren Genauigkeit, als sie sich aus den vorstehenden Erwägungen ergibt, lassen sich derartige Berechnungen, die auf sehr verwickelte, ziffernmäßig schwer erfaßbare und hinsichtlich des elektrischen Betriebes zum Teile zukünftige Verhältnisse Bezug nehmen, nicht ermitteln. Der vorstehend errechnete Verhältniswert von 63% steht mit den Erfahrungswerten, wie sie bei ähnlichen Untersuchungen im Auslande gefunden wurden, in guter Übereinstimmung, wenn die im vorliegenden Falle gegebene, verhältnismäßig teuere Instandhaltung des Dampflokomotivparkes der Strecke Wien—Salzburg gebührend beachtet wird.

Bezieht man die vorstehend ermittelten jährlichen Instandhaltungsbeträge von 9·8 Millionen, beziehungsweise 6·2 Millionen Schilling auf die zugehörige Verkehrsleistung, so erhält man für beide Betriebsarten Grundwerte pro Lokomotiv-km, beziehungsweise Tonnen-km, die erheblich größer sind als die aus der einschlägigen Literatur bekannten analogen Grundwerte des Auslandes. Es hängt dies mit dem bei den Österreichischen Bundesbahnen geltenden besonderen Verrechnungssystem im Werkstättendienste (zirka 170% Regiezuschlag zu den Löhnen usw.), den eigenartigen Arbeitsverhältnissen Österreichs, den sozialen Lasten und ähnlichen Umständen zusammen. Es ist jedoch zu erwarten, daß die im Zuge befindlichen, zielbewußten Rationalisierungsmaßnahmen im Werkstättendienst, im günstigen Sinne fortgesetzt, sich weiter auswirken werden und daß hiedurch mit der Zeit eine angenäherte Gleichheit der Lokomotiv-Instandhaltungskosten Österreichs mit jenen des Auslandes erreicht werden wird. Der Unterschied in den Instandhaltungskosten zwischen Dampfbetrieb und elektrischen Betrieb wird sodann durch diese fortschreitende Verbesserung der Instandhaltungsmethoden — allerdings erst in späterer Zeit — eine entsprechende Verminderung erfahren.

Hauptrefenten: **Gerbel, Oerley.**

Begründung zur Beantwortung der Frage 11.

(Personalersparnis.)

1. Die Bundesbahnverwaltung rechnet in ihrer Denkschrift als Ersparnis für den Unterschied im Personalaufwand:

a) durch den Entfall von Lokomotivmannschaft ..	S	2,006.000·—
b) " " " " Mannschaft im inneren Heizhausdienst	"	953.000·—
c) " " " " Zugsbegleitern	"	332.000·—
zu Gunsten der Elektrifizierung	S	3,291.000·—

2. Das Bundesministerium für Handel und Verkehr gibt an:

*) 5. Entfall von Lokomotivmannschaft	S	1,000.000·—
*) 6. " " Mannschaft im inneren Heizhausdienst	"	2,400.000·—
7. " " Zugsbegleitern.	"	400.000·—
Summe	S	3,800.000·—

Hiebei ist schon auf eine Erhöhung der Bezüge Rücksicht genommen.

3. Die Elektrofirmen haben in ihrer Berechnung die Schlußsumme aus 1. übernommen.

Die von der Generaldirektion der Österreichischen Bundesbahnen beigebrachten Aufstellungen wurden hinsichtlich der Beträge für den Entfall von Lokomotivmannschaft und von Zugsbegleitern mit Hilfe von Berechnungen für andere Linien und von Ergebnissen anderer Bahnen überprüft. Sie können als mit großer Vorsicht erhoben bezeichnet werden. Der Betrag für entfallende Mannschaft im Heizhausdienste könnte erst auf Grund von zeitraubenden Erhebungen an Ort und Stelle bestimmt werden.

Da die Beträge jedoch mit den Annahmen des Ministeriums, das schon auf die Erhöhung der Bezüge Rücksicht genommen hat, als

*) Die Beträge für 5 und 6 sind wohl nur verwechselt worden.

ziemlich übereinstimmend bezeichnet werden können, wurden die Zahlen aus der Denkschrift als Grundlage für die nachstehenden Erwägungen benützt; dabei wird hinsichtlich der Lokomotivmannschaft bemerkt, daß dort auf die Ersparnisse durch Einführung der einmännigen, beziehungsweise der vereinfachten (Einfachmann-)Bedienung der Triebfahrzeuge bei gewissen Dienstleistungen nicht Rücksicht genommen wurde.

Die Deutsche Reichsbahn hat auf den elektrisch betriebenen Linien beim Verschube die einmännige, beim Triebwagen-, beim Güter- und beim Personenverkehr unter 70 km Stundengeschwindigkeit die Einfachmannbedienung eingeführt. Demnach entfällt auf den bisher in Bayern auf den elektrischen Betrieb umgestellten Linien bei fast 90% der Züge der zweite handwerksmäßig vorgebildete Mann auf der Lokomotive, beziehungsweise auf dem Triebwagen.

Die Lötschbergbahn und die Rhätische Bahn führen die meisten Züge einmännig.

Bei den Schweizerischen Bundesbahnen ist bei einer Anzahl elektrischer Lokomotiven die einmännige Bedienung probeweise eingeführt; die Triebwagenzüge wurden von vornherein einmännig geführt.

Wenngleich in Österreich bei der Einführung der einmännigen, beziehungsweise der vereinfachten Besetzung der Triebfahrzeuge gewisse Schwierigkeiten bestehen, so werden erstere gewiß bei den Triebwagenzügen, unter gewissen Voraussetzungen auch bei den ständigen Verschublokomotiven und bei den mit Lokomotiven zu befördernden Zügen des Nahverkehrs durchführbar sein.

In den den Sachverständigen übergebenen Aufstellungen und Erläuterungen des Bundesministeriums für Handel und Verkehr ist ausdrücklich hervorgehoben, daß die Generaldirektion der Österreichischen Bundesbahnen auf ihr Ansuchen hin die Genehmigung zur einmännigen Bedienung der Triebfahrzeuge für gewisse Zuggattungen und Linien erhalten hat.

Unter der Annahme einer anderthalb- bis zweifachen Besetzung der Lokomotiven für den Nahverkehr, einer zweieinhalbfachen Besetzung der Triebwagenzüge und einer dreifachen Besetzung der Lokomotiven für den Verschub und für die sonstigen ständigen Nebendienstleistungen werden zusammen 141 Mann jährlich erspart. Hiebei sind 5% für Erfordernisdienst und 15% für Erkrankte und Beurlaubte berücksichtigt. Bei einem Durchschnittseinkommen von S 3.600·— im Jahr ergibt dies eine Ersparnis von .... S 507.600·—

Um diesen Betrag ist die von der Generaldirektion für Entfall im Personalaufwand angegebene Summe von .... „ 3,291.000·—

zu vermehren, weshalb sich die Kosten für Ersparnis an den Personalausgaben auf rund .... S 3,800.000·—

erhöhen. In diesem Betrag ist nach Angabe der Generaldirektion der Österreichischen Bundesbahnen die Ersparnis für Unfall- und Arbeitslosenversicherung und Lohnfürsorgeabgabe inbegriffen.

Im Jahre 1926 betrugen laut Geschäftsbericht der Österreichischen Bundesbahnen die Personalausgaben

im Fahrdienste .... S 34,837.900·—

im Zugförderungs- und Wagenuntersuchungsdienste „ 43,345.194·—

Hiezu kommen noch die Zahlungen für Unfall- und Arbeitslosenversicherung und Lohnfürsorgeabgabe, das sind zirka 6% vorstehender Beträge, rund .... „ 4,690.000·—

Die Personalausgaben im Fahrdienste, Zugförderungs- und Wagenuntersuchungsdienste betrugen daher im Jahr 1926 rund .... S 82,873.000·—

Im Ganzen würden daher die Personalausgaben für die angeführten Dienste eine Verminderung von rund 4·6% gegenüber den Ausgaben von 1926 erfahren. Da jedoch mit einer allgemeinen Verkehrssteigerung eine Erhöhung des Personalstandes für diese Dienstzweige verbunden ist, wird der perzentuelle Entfall noch ein geringerer werden. Außerdem ist zu bemerken, daß der Entfall der Nebenbezüge des Personales unberücksichtigt blieb. Im Zugförderungsdienst ist derzeit ein Überschuß an Personal nicht mehr vorhanden; da der jährliche Abfall größer ist als der durch die Einführung des elektrischen Betriebes bedingte, sind besondere Maßnahmen für diesen Dienstzweig nicht erforderlich. Ferner ist noch hervorzuheben, daß im Starkstromdienst (Bedienung der Unterwerke und Erhaltung der Fahrleitungen) eine

Vermehrung des Personales durchgeführt werden muß; bisher wurde diese Vermehrung zum Großteil aus den übrigen Dienstzweigen gedeckt, was selbstverständlich auch für die Linie Wien—Salzburg geschehen kann. Auch in anderen Dienststellen wie. bei der Bahnerhaltung und im Bahnhofdienste wird mit der Übernahme einzelner Organe aus dem Fahrdienst und Wagenuntersuchungsdienst gerechnet werden können.

Da der Abbau bei diesen Dienststellen nicht auf einmal erfolgt, sondern sich auf zwei bis sechs Jahre verteilt, wird man im Personalstande für die betreffenden Dienstzweige in kurzer Zeit einen Ausgleich schaffen können, umsomehr, da mit dem Beginn an Personalabbau erst in etwa $1^1/_2$ Jahren nach Inangriffnahme der Bauarbeiten zu rechnen ist, zu welcher Zeit die Abbauaktion wohl beendet sein dürfte.

Um jedoch noch für außerordentliche Fälle Vorsorge zu treffen, wurde von einem Abstrich der von den Bundesbahnen zu leistenden ideellen Pensionsfondsbeiträge für Ruhe- und Versorgungsgenüsse und der Beträge für Krankenversicherung im Ausmaße von rund S 650.000·— für das entfallende Personal abgesehen. Tatsächlich wird daher die Ersparnis noch größer sein als oben ausgewiesen.

Die von der Generaldirektion der Österreichischen Bundesbahnen vorgelegte Berechnung über das versicherungstechnisch erforderliche Kapital für die Kosten der Pensionsbezüge des ersparten Personales käme nur dann in Frage, wenn die Linie Wien—Salzburg ein für sich abgeschlossenes Bahnunternehmen wäre und wenn es nicht möglich wäre, das im Zugförderungs- und Fahrdienste freiwerdende Personal auf anderen Linien oder in anderen Dienstzweigen unterzubringen, gegebenenfalls durch kurze Verlängerung der Sperre der Personalaufnahmen.

Hauptreferenten: **Schäffer, Scheichl.**

C.

Begründungen zur Kapitalsrechnung.

Begründung zu Post 1 der Kapitalsrechnung.

(Fahrdrahtausrüstung.)

Die Kosten der Fahrleitungsanlagen wurden von den Österreichischen Bundesbahnen wie folgt veranschlagt:

240 km doppelgleisige freie Strecke zu 58.000 S/km ..	S	13,920.000
160 „ Bahnhofhauptgleise zu 31.000 S/km	„	4,960.000
210 „ Bahnhofnebengleise zu 30.000 S/km	„	6,300.000
160 „ Umgehungsleitungen zu 3.000 S/km	„	480.000
Abrundung	„	340.000
zusammen	S	26,000.000
oder je Gleiskilometer (850 Gleis-km)	„	30.600

Die Ermittlung dieser Preise erfolgte auf Grund der Erfahrungen mit der Einheitsfahrleitung bei den bereits elektrifizierten Strecken in Tirol östlich von Innsbruck und in Vorarlberg.

Ein Vergleich mit Bahnanlagen des Auslandes, in welchen die Kosten infolge der höheren Arbeitslöhne trotz unserer sozialen Lasten wesentlich höher sind als bei uns, ergibt zahlenmäßig folgendes:

1. Schweizer Bundesbahnen*).

Die heutigen Gestehungskosten bei der Einheitsfahrleitung betragen bei 2.950 Gleis-km (1.150 Betriebs-km)	Schweiz. Fr.	53,000.000
Das ergibt je Gleis-km im Mittel für freie Strecke und Bahnhöfe	„ „	18.000
oder	Schilling	24.500

2. Schweden (Stockholm—Gothenburg, 460 Betr. km, 920 Gleis-km) Gesamtpreis der Fahrleitungsausrüstung einschließlich von

*) Vergleiche „Schweizer Bauzeitung" 1928, Nr. 5 und 6.

460 km Rückleitung aus 130 mm² Kupferseil und einschließlich Saugtransformatoren samt gemauerten Häuschen, die in Entfernungen von 1·4 bis 2·8 km aufgestellt sind ...... Schwed. Kr.*) 13,500.000

Um eine Vergleichsbasis für eine Fahrleitung ohne Rückleitung zu erhalten, sollen nur die Materialpreise der Rückleitung und der Saugtransformatoren einschließlich der Häuschen, aber ausschließlich Montagekosten abgezogen werden. Die 130 mm² Rückleitung samt Isolatoren kostet je km 1.800 Schwed. Kr., zusammen	„ „	830.000
die Saugtransformatoren samt Häuschen kosten zusammen rund	„ „	460.000
Summe	Schwed. Kr.	1,290.000
Die Gesamtkosten der Fahrleitung ausschließlich Rückleitung und Saugtransformatoren betragen daher	„ „	12,210.000
Das ergibt je Gleis-km rund 13.290 Schwed. Kr. oder	Schilling	25.200

Die Einzelpreise waren folgende:

a) Freie Fahrleitung eingleisig samt Saugtransformatoren und 130 mm² Rückleitung je km 13.700 Schwed. Kr. oder	„	26.000
detto ausschließlich Saugtransformatoren und ausschließlich Rückleitung .... Schwed. Kr. 10.900 oder	„	20.700
b) Bahnhoffahrleitung ausschließlich Rückleitung .... Schwed. Kr. 13.900 oder	„	26.400
c) Bahnhofumgehungsleitung Schwed. Kr. 2.370 oder	„	4.800
Berechnet man mit diesen einzelnen Preisen und den eingangs genannten Längen die Fahrleitungskosten für die Strecke Wien—Salzburg, so erhält man einen mittleren Preis je Gleis-km von	„	25.400

*) Teknisk Tidskrift 1926 (Oeverholm p. 245).

Der Preis je Gleis-km ergibt sich daher nach den Ausführungen der Schweizer Bundesbahnen im Mittel mit S 24.500 und nach den schwedischen Ausführungen mit S 25.400. Der Preisunterschied zwischen diesen beiden untereinander wenig verschiedenen Preisen und dem österreichischen von S 30.600 ist bedeutend.

Bei Zugrundelegung des höheren schwedischen Preises je Gleis-km ergibt sich unter Einrechnung einer 15 KV Speiseleitung auf den Fahrleitungsmasten von der letzten Unterstation bis Wien, die zur Erhöhung der Betriebssicherheit der Wiener Bahnhöfe sehr empfehlenswert erscheint, folgender Preis:

25.400 × 850	Schilling	21,600.000
2 × 25 × 4.800	„	240.000
zusammen	Schilling	21,840.000
oder im Mittel je Gleis-km	„	25.700

An dieser Stelle sei darauf verwiesen, daß die Fahrleitungsausrüstungen bei den ausländischen Bahnen in letzter Zeit sehr vereinfacht wurden. So wird zum Beispiel in der französischen Schweiz für Rangierbahnhöfe und Bahnhofgleise, auf welchen mit geringeren Geschwindigkeiten gefahren wird, ein neues System ohne durchgehende Tragseile verwendet, das noch an Material- und Montagekosten zu sparen gestattet und sich schon in mehrjährigem Betriebe bewährt hat.

Derartige Vereinfachungen sollen jedoch bei der Betrachtung der Fahrleitungskosten nicht weiter berücksichtigt werden.

Die Einsetzung eines Preises von 29.500 S/Gleis-km, das sind im ganzen S 25,200.000·— erscheint daher entsprechend.

Hauptreferent: **Wist.**

Begründung zu Post 2 der Kapitalsrechnung.

(Unterwerke.)

Siehe Begründung zur Beantwortung der Frage 2, Seite 75.

Begründung zu Post 3 der Kapitalsrechnung.

(Fahrbetriebsmittel und Ersatzteile.)

Zahl der für die Strecke Wien—Salzburg notwendigen Triebfahrzeuge.

Hinsichtlich der Zahl der notwendigen Triebfahrzeuge weichen die Berechnungen der Generaldirektion der Österreichischen Bundesbahnen und der Elektroindustrie erheblich voneinander ab. Erstere erachten für den um 20% gesteigerten Verkehr des Jahres 1926 einen Stand von 174 Triebfahrzeugen für erforderlich, letztere nur einen solchen von 158.

Tafel 16.

Dienstleistung	Zug-km	Verschub-km	Leerfahrt	reduzierte Lok.-km
Schnellzüge	1,900.000	—	20.000	1,920.000
Fernpersonenzüge	1,450.000	—	40.000	1,490.000
Nahpersonenzüge	1,450.000	100.000	40.000	1,590.000
Güterzüge	1,830.000	975.000	100.000	2,905.000
mit elektr. Verschublokomotiven	—	1,200.000*)	—	1,200.000
„ verbleib. Dampflokomotiven	—	365.000*)	—	365.000
Summe	**6,630.000**	**2,640.000**	**200.000**	**9,470.000**

*) Diese Zahlen wurden gegenüber jenen der Generaldirektion der Bundesbahnen abgeändert, weil statt mit 11 von der Generaldirektion angenommenen Dampfverschublokomotiven nunmehr mit 16 Stück gerechnet wird. Die Gesamtsumme der Verschub-km erfährt dadurch keine Änderung.

Die Sachverständigen gehen bei ihren diesbezüglichen Erwägungen vom Verkehr des Jahres 1926 aus und legen hiebei die vorstehenden Angaben der Generaldirektion hinsichtlich der insgesamt zu leistenden 6,630.000 Zugkilometer zu Grunde. In dieser grundlegenden Annahme kommt schon eine gewisse Vorsicht zum Ausdrucke, da der Betriebsleistungs-Ausweis der Österreichischen Bundesbahnen für das Jahr 1926 nur 6,379.000 Zugkilometer ausweist.

Zur Ermittlung der Anzahl der erforderlichen Lokomotiven (Triebwagen) kann man verschiedene Wege einschlagen. Unter Verwendung der Zahl obiger reduzierter Lokomotiv-km kann man entsprechend den Erfahrungen auf den bisher elektrifizierten Strecken in Österreich und im Ausland eine mögliche jährliche Lokomotivkilometerleistung ermitteln und daraus die Anzahl der erforderlichen Lokomotiven (Triebwagen) berechnen.

Ein anderer, und zwar genauerer Weg besteht darin, unter Benützung des bestehenden Fahrplanes für den Dampfbetrieb einen Dienstplan der Lokomotiven und der Triebwagenzüge aufzustellen und aus diesem (mit Berücksichtigung der Erforderniszüge und der besonderen örtlichen Verhältnisse) die notwendige Zahl der Triebfahrzeuge zu ermitteln. Die auf diese Weise errechnete Stückzahl stellt die obere Grenze des Erforderlichen dar. Für den elektrischen Betrieb sollte nämlich ein besonderer Fahrplan unter Berücksichtigung der größeren Fahrgeschwindigkeiten, der Verminderung der Aufenthalte für Lokomotivwechsel, des Entfalls der Aufenthalte für das Ausrüsten (mit Kohle und Wasser) sowie jener für das Ausputzen der Lokomotiven vorliegen, wodurch erst die elektrischen Lokomotiven, die eine ganz andere Kennlinie (Charakteristik) als die Dampflokomotiven aufweisen, voll ausgenützt werden könnten.

Schließlich könnte noch ein Vergleich mit einer Bahnanlage angestellt werden, die ähnliche Betriebslängen und Betriebsverhältnisse aufweist wie Wien—Salzburg, um daraus die Zahl der Triebfahrzeuge zu schätzen.

Die Linie Wien—Salzburg ist für die Erzielung einer guten Ausnützung besonders der im Streckendienste verwendeten Lokomotiven außerordentlich günstig, und zwar aus folgenden Gründen:

1. Sie ist — abgesehen von den beiden mäßigen Rampenstrecken im Bereiche der sekundären Wasserscheiden nächst Rekawinkel und Ederbauer — eine typische Flachlandsbahn, die infolge ihrer Zweigleisigkeit und ihrer günstigen Krümmungs- und Neigungsverhältnisse für alle Züge die Anwendung hoher Geschwindigkeiten erlaubt, wie Tafel 17 zeigt.

Tafel **17**.

Kennzeichnung der Steigungs- und Krümmungs-Verhältnisse.

Strecke		Länge	Größte Steigung	Gerade und Bögen in % der Länge			Mittlerer Krümmungswiderstd., bezogen auf die ganze Streckenlänge
				Gerade u. Bögen mit R 1000 m	Bögen mit R = 1000 — 400 m	Bögen mit R = 400 — 225 m	
		km	‰				kg/t
Salzburg—Wien . .		314	11	80	17	3	0·3
Innsbruck—Landeck .		72	9	71	13	16	0·7
Landeck — Bludenz	mit Scheitel-Tunnel	64	31	53	11	36	1·3
	ohne Scheitel-Tunnel	54		45	12	43	1·5

2. Sie hat einen dichten, vielfach die ganze Strecke durchlaufenden Personen- und Güterverkehr, was eine vorteilhafte Erstellung der Dienstpläne für Fahrzeuge und Mannschaften ermöglicht.

3. Die Lage der Hauptwerkstätte Linz nahezu in Streckenmitte begünstigt die sachgemäße Instandhaltung und rasche Ausbesserung der Lokomotiven, was ihrer Ausnutzung wesentlich zugute kommt.

Für die Beurteilung der Zahl der notwendigen Triebfahrzeuge ist es schließlich sehr wertvoll, im Dienstbereiche der Österreichischen Bundesbahnen selbst einen Vergleich zu ziehen zwischen der in Erörterung stehenden Linie Wien—Salzburg und dem teils schon fertigen, teils in Ausführung begriffenen Elektro-Liniennetze w e s t l i c h von Salzburg. In der nachstehenden Zahlentafel ist dieser Vergleich durchgeführt.

Tafel 18.

Vergleich der Linie Wien—Salzburg mit dem Elektro-Streckennetz westlich von Salzburg (ausschließlich der Mittenwaldbahn) in bezug auf die Anzahl der elektrischen Triebfahrzeuge (Lokomotiven für den Strecken- und Verschubdienst und Triebwagenzüge).

Liniennetz	km	Größte Steigung	Zahl der Triebfahrzeuge	Zug-km 1926			1000 Anhänge-tkm 1926		
		‰		Insges.	je Lok.	%	Insges.	je Lok.	%
1. Liniennetz westlich Salzburg	526	26—31	—	—	—	—	—	—	—
a) lt. seinerzeitiger Annahme des B.-Min. f. H. u. V.	—	—	160	6,365.000	39.800	—	2,155.740	13.500	—
b) Tatsächlich bestellte Triebfahrz.	—	—	150	6,365.000	42.400	100	2,155.740	14.370	100
2. Linie: Wien—Salzburg	314	11	--	—	—	—	—	—	—
a) lt. Voranschlag der Gen.-Dion .	—	—	158	6,379.000	40.400	95	2,241.000	14.200	99
b) lt. Voranschlag der Gutachter . .	—	—	142	6,379.000	44.920	106	2,241.000	15.780	110

Anmerkung: Bei Beurteilung der vorstehenden Tafel ist allerdings auch zu beachten, daß die Verschubleistung auf der Linie Wien—Salzburg im Vergleiche zur Streckenleistung relativ größer ist als auf dem Liniennetz westlich von Salzburg.

Vorstehende Zahlentafel zeigt zunächst als eine interessante, zufällige Tatsache die nahezu genaue Übereinstimmung beider Linienbereiche in bezug auf die Zahl der im Jahr 1926 geleisteten Zug-km und Anhänge-tkm. Geht man von dieser Tatsache aus, so ist ohneweiters daraus zu schließen, daß für die Linie Wien—Salzburg erheblich weniger Triebfahrzeuge notwendig sein müssen, als für das Netz westlich von Salzburg, denn die erstere Linie ist, wie schon auseinandergesetzt wurde, für den Dienstplan der Triebfahrzeuge, bzw. für deren Betriebsleistung außerordentlich günstig im Gegensatz zum Liniennetz westlich von Salzburg. Dieses kann ungefähr wie folgt gegliedert werden:

Talstrecken geringer und mittlerer Schwierigkeit		261 km
„ großer Schwierigkeit (Golling—Saalfelden)		84 „
Bergstrecken „ „ : Saalfelden—Wörgl	}	181 „
Brenner		
Arlberg		
Zusammen....		526 km

Diese ungünstigen Streckenverhältnisse westlich von Salzburg zusammen mit dem eingleisigen Ausbau westlich von Innsbruck zwingen zu sehr erheblichen Geschwindigkeitsbeschränkungen, erfordern in den Bergstrecken einen beträchtlichen Vorspann- und Nachschiebedienst samt den zugehörigen Leerfahrten und führen erfahrungsgemäß auch zu einem erheblich höheren Ausbesserungsstand des Triebfahrparkes. Beachtet man noch die wesentlich geringere Verkehrsdichte westlich von Salzburg, woraus sich eine ungünstigere Dienstplanerstellung ergibt, so ist ohneweiters klar, daß auf dem Liniennetze westlich von Salzburg nur mit einer erheblich geringeren durchschnittlichen Jahresleistung je Triebfahrzeug gerechnet werden kann. Bei der nahezu vollkommen gleichen Verkehrsgröße westlich und östlich von Salzburg sollte also der Stand an Triebfahrzeugen westlich von Salzburg erheblich größer sein, als der von der Generaldirektion der Bundesbahnen für die Linie Wien—Salzburg veranschlagte. Das ist aber durchaus nicht der Fall. Aus den Angaben der erwähnten Tafel ist zu schließen, daß entweder dieser Stand westlich von Salzburg zu gering oder jener für Wien—Salzburg zu groß ist. Eine vergleichsweise Betrachtung der Lokomotiv-(Triebwagen-)leistungen und der zugehörigen Stückzahlen ausländischer Bahnen läßt den letzteren Schluß als richtig erscheinen.

Zum Vergleich seien hier zunächst aus den letztabgelaufenen Jahren einige im Gesamtdurchschnitt erzielte Jahresleistungen im Ausland, die sich durchwegs auf ungünstigere Liniennetze beziehen, angeführt:

	Personendienst:	Güterdienst:	
Schweiz (Gotthard ausschlaggebend)	70.000	60.000	Lok.-km. jährl.
Bayern (verhältnismäßig noch kurze Strecken)	96.000	60.000	„ „
Bayern (Triebwagen)	96.000	..	„ „
Schlesische Gebirgsbahnen	108.000	78.000	„ „
Stockholm—Gothenburg	über 96.000 (Mittel)		„ „

Die Sachverständigen sind sich jedoch bewußt, daß derart große Leistungen nur mit vorzüglich geschultem Personal, bei sorgfältigst ausgewählter Lokomotivbauart und bestorganisiertem Werkstättenbetrieb erzielt werden können, welche Voraussetzungen bei uns zum größten Teile z. Z. noch nicht erfüllt sind. Die Lauflängen der Lokomotiven auf der Strecke Wien—Salzburg werden wohl größer als auf den westlichen Strecken, aber kleiner als auf den vorhin erwähnten Auslandsbahnen anzunehmen sein.

Ermittlung I (unter der Voraussetzung eines Elektro-Fahrplanes und bei Annahme eines Ausbesserungsstandes von 20%).

Hier ist vorauszuschicken:

Bezüglich der Umwandlung der Zugkilometer in reduzierte Lokomotivkilometer wurden die Angaben der Generaldirektion der Bundesbahnen unverändert beibehalten und nur hinsichtlich der mit elektrischen Verschublokomotiven zu leistenden Verschubarbeit wird eine abweichende Annahme getroffen. Es erscheint nämlich insbesonders für den elektrischen Verschub die Gleichsetzung: 1 Verschubstunde = 10 Lok.-km nicht zutreffend. Man rechnet in diesem Belang sogar im Dampfbetrieb:

bei der Deutschen Reichsbahn	mit	7 Lok.-km
„ den Schweizer Bundesbahnen	„	6 „
„ „ Italienischen Staatsbahnen	„	6 „

und es wurde deshalb für die gegenständliche Ermittlung vorsichtshalber

1 Verschubstunde = 7 Lokomotiv-km

zu Grunde gelegt. Da gemäß Tafel 16 auf Seite 138 mit Rücksicht auf die vorgeschlagene Vermehrung der verbleibenden Dampfverschublokomotiven insgesamt nur 120.000 Elektro-Verschubstunden zu leisten sind, so sind diesbezüglich in der nachstehenden Tafel 120.000 × 7 = 840.000 red. Lok.-km eingesetzt. (Siehe Tafel 19, Seite 144.)

Ermittlung I liefert als Ergebnis den Bedarf von 130, beziehungsweise 144 Triebfahrzeugen. Die angenommenen jährlichen Laufleistungen sind bei Zugrundelegung eines dem elektrischen Betrieb angepaßten Fahrplanes und bei zweckmäßiger Auswahl und Instandhaltung robust gebauter Fahrzeuge zweifellos erreichbar.

Tafel 19.

Zug-/Dienst-Gattung	Reduzierte Lokomotiv-km	Durchschn. jährl. Laufleistung km	Triebfahrzg. f. d. Verkehr 1926	Triebfahrzg. f. d. Verkehr 1926+20%	Anmerkung
Schnellzüge	1,920.000	100.000	19	.	
Fern-Personenzüge . . .	1,490.000	80.000	19	.	
Nah-Personenzüge . . .	1,590.000	65.000	25	.	mit Lokomotiven u. Triebwagen (teils Doppel-, teils Einfach-Triebwagenzüge.)
Güterzüge	2,905.000	60.000	48	.	
Verschub mit ständigen Elektro-Verschublok. .	840.000	45.000	19	.	120.000 Verschubstunden zu je 7 Lokomotiv-km.
Gesamtzahl der erforderlichen Triebfahrzeuge .			**130**	**144**	

Nur des Interesses halber sei noch erwähnt, daß auf der 460 km langen Linie Stockholm—Gothenburg bei einer Verkehrsleistung von 1.900,000.000 Gesamt-Zugstonnenkilometer (einschließlich Lokomotivgewicht) 57 Stück 1 C 1-Lokomotiven vorhanden sind. Dies ergäbe für die Linie Wien—Salzburg bei 3.500,000.000 Gesamt-Zugstonnenkilometern, proportional umgerechnet, eine Anzahl von $\frac{57 \times 35}{19} = 105$ Triebfahrzeugen; es ist jedoch nicht ohneweiters möglich, die für erstgenannte Linie maßgebenden Verhältnisse einfach auf die Linie Wien—Salzburg zu übertragen.

Ermittlung II (unter der Voraussetzung des Dampffahrplanes 1926 und bei Annahme eines Ausbesserungsstandes von 20%).

Außer der vorstehenden überschlägigen Berechnung (I) wurde durch die Sachverständigen unter Zugrundelegung des im Jahr 1926 bestandenen Dampffahrplanes für den Hochsommer-Personen- und Winter-Güterverkehr der Triebfahrzeugbedarf durch Aufstellung von Dienstplänen ermittelt.

Hiebei wurden in der üblichen Weise die hinsichtlich Fahrgeschwindigkeit und Belastung ziemlich gleichgearteten Leistungen so zusammengefaßt, daß sich möglichst wenige Stationierungsorte und Dienstplangruppen ergeben. Die Anzahl der notwendigen ständigen Verschublokomotiven wurde bahnhofsweise ermittelt und wurde festgestellt, daß einschließlich des Ausbesserungsstandes höchstens 23 (beziehungsweise 27 Stück einschließlich der Arbeits-, der Überstellzüge und der Nebenleistungen) gut ausnützbare Elektrolokomotiven untergebracht werden können und daß sonach (ebenfalls einschließlich des Ausbesserungsstandes) noch 16 Dampfverschublokomotiven vorteilhaft in Verwendung bleiben müßten, wogegen nach dem Voranschlage der Generaldirektion der Österreichischen Bundesbahnen deren nur 11 Stück in Betracht gezogen werden. Betreffs des elektrischen Verschubes erscheint den Sachverständigen noch eine Teilung insofern empfehlenswert, als die für den Dienst auf Abrollrücken nötigen Verschublokomotiven (einschließlich des zugehörigen Ausbesserungsstandes 4 Stück) leistungsfähiger als alle anderen Verschublokomotiven sein sollen. Für den gegenüber dem Jahr 1926 um 20% erhöhten Verkehr, der zu je 10% bei den Zugkilometern und den Zugbelastungen angenommen wird, genügt der ohne Zuschlag ermittelte Bedarf an Verschublokomotiven, da diese bei der anfänglich unvollkommenen Ausnützung imstande sind, die Mehrleistung zu bewältigen.

Hinsichtlich der vorgesehenen Triebwagenzüge, deren Beschaffung sehr kostspielig ist, wurde seitens der Sachverständigen von vornherein eine Teilung in Doppel- und Einfach-Triebwagenzüge vorgenommen und erstere nur für den eigentlichen Wiener Nahverkehr in Aussicht genommen, wo ihr Hauptvorteil, das ist die rasche Umkehr- und Teilungsmöglichkeit, ohne wesentliche Rangierarbeit wirklich ausgenützt werden kann; dagegen wurden für den übrigen Nahpersonenverkehr mit den dabei in Betracht kommenden langen Umkehrzeiten Einfach-Triebwagenzüge gewählt, bei denen — wenn eventuell kein Steuerwagen und keine elektrischen Verbindungen vorhanden — in den Endbahnhöfen ein Umstellen des Zugtriebwagens an das andere Zugende erfolgen kann. Behufs freizügiger Verwendbarkeit empfiehlt es sich jedoch, auch die Einfach-Triebwagenzüge von vornherein elektrisch derart auszurüsten, daß jederzeit Doppelzüge gebildet werden können.

Hienach ergibt sich folgende Zusammenstellung.

Tafel 20.

Zug-Dienst-Gattung		Triebfahrzeug	Bedarf an Triebfahrzeugen für den Verkehr des Jahres 1926: dienstplanmäßig	zur Ausbesserung[1])	somit für die ständigen Leistungen	für besondere regelm.[2]) Leistungen	für Spitzen-[3]) Leistungen	somit insgesamt	für eine Verkehrssteigerung von 20%	somit insgesamt für den Verkehr 1926 + 20%
Schwere D-, S- und Fern-P-Züge		Elektro-Lokomotiven	12	3	15	.	3	18	2	20
Luxus-, Expreß-, leichtere S-, Fern-P- und Gütereilzüge		Elektro-Lokomotiven	20	5	25	2	1	28	3	31
Schwere Gütereil- und Güterzüge		Elektro-Lokomotiven	16	4	20	.	3	23	3	26
Leichtere Gütereil- und Güterzüge, Vorspann-, Nachschiebe-, (z. T. auch Verschub-)dienst		Elektro-Lokomotiven	14[4])	4	18	.	3	21	2	23
Verschubdienst (auch Arbeits-, Überstellzüge und sonstige Nebenleistungen)		Elektro-Lokomotiven	21	5	26	.	1	27	[5])	27
Summe			**83**	**21**	**104**	**2**	**11**	**117**	**10**	**127**
Wiener	Nah-Personenverkehr	Elektro-Triebwagenzüge: Doppel- (Td)	9	2	11	1[6])		12	1[7])	13[8])
Wiener	Nah-Personenverkehr	Elektro-Triebwagenzüge: Einfach- (Te)	4	2	12	1[6])		13	.	13[9])
Sonstiger		Elektro-Triebwagenzüge: Einfach- (Te)	6							
			102					**142**		**153**

Anmerkung

1) 20% vom Gesamtstande für die ständigen Leistungen = 25% vom dienstplanmäßigen Stand.

2) An bestimmten Tagen fahrplanmäßig vorgesehen (z. B. Touristenzüge).

3) Mehrverkehr beim Ferien-, Urlaubs- und Reisezeitbeginn und -ende, anläßlich großer Festlichkeiten usw.

4) 2 Lokomotiven für etwaige Hilfsdienstleistungen (Vorspann-, Nachschiebe-, usw.) beiderseits Rekawinkel.

5) Deckung durch stärkere Inanspruchnahme der anfänglich unvollkommen ausgenützten Verschublokomotiven.

6) Die gewöhnlichen Hochleistungen an schönen Sommer-, Sonn- und Feiertagen sind gleicherart wie beim seinerzeitigen Dampf-Stadtbahn- und Lokalverkehr zu decken (keine Revision an solchen Tagen, keine Regelhauptausbesserung im Sommer, gedrängterer Dienstplan usw.).

7) Geringere Vorsorge, da schon mit der vorher ermittelten Triebwagenzugzahl der praktisch mögliche Maximalfahrplan bewältigt werden kann.

8) Die Td-Züge (13 Td = 26 Te) werden vielfach geteilt in Te-Züge fahren, so daß eigentlich eine erhöhte Garniturenzahl in Betracht kommt.

9) Einzelne Te-Züge (13 Te = 6·5 Td) werden bei besonderem Bedarf vereint als Td-Züge fahren.

In der vorstehenden Bedarfsermittlung ist bereits eine gewisse Leistungsreserve enthalten, die durch folgende Umstände begründet ist:

1. Gegenüber der hier aufgestellten Berechnung ist auf Grund des tatsächlich dem elektrischen Betrieb angepaßten Fahrplanes eine weitere Ersparnis an Triebfahrzeugen zu erwarten; sie kann — ohne daß sie in Rechnung gestellt wird — auf ungefähr das Mittel zwischen den Endziffern der Berechnungsarten I und II, d. i. auf $\frac{153-144}{2} = 4$—5 Stück geschätzt werden und kommt bereits einer weiteren künftigen Verkehrssteigerung zugute.

2. Die stark verschiedene Zeitlage der Hochleistungen im Personenverkehr (etwa anfangs Juli bis Mitte September) und im Güterverkehr (etwa Ende November bis Ende März), weiters die insbesonders im Personenverkehr in der vorangeführten Zeit verhältnismäßig nur an rund 25 zum Teile nicht aufeinanderfolgenden Tagen vorkommenden Spitzenleistungen sowie die Tatsache, daß an Doppelfeiertagen, besonders am zweiten Tage, wegen Ruhens der Güterverladearbeiten der Güterverkehr sich stark abschwächt, ermöglicht es, in allen diesen Fällen durch ein wohlüberlegtes und genau eingehaltenes Ausbesserungsprogramm bei gleichzeitiger Lokomotivsubstituierung Lokomotiv-(Triebwagen-)mangel zu vermeiden.

3. Im großstädtischen Nahpersonenverkehr kann an Sonn- und Feiertagen infolge bedeutender Abschwächung des (werktäglichen) Zuströmens der Fahrgäste am Morgen zur Stadt und des nachmittägigen und abendlichen Abströmens durch eine zeitgerechte, den tatsächlichen Bedürfnissen angepaßte Umdirigierung einzelner Zugerfordernisse am Vortage der Bedarf an den besonders teueren Doppel-Triebwagenzügen tunlichst eingeschränkt werden.

4. Die große Leistungsfähigkeit der einzelnen Elektrolokomotiven vermindert den Bedarf für Erfordernisleistungen insbesonders im Güterverkehr bedeutend.

5. Schließlich hat die Überprüfung der Güterzugleistung für den verkehrsstärksten Tag (16. Dezember) des Jahres 1926 in der um 15 bis 20% stärker belasteten Frachtrichtung (von Wien gegen Salz-

burg) dahingehend, ob die (für 1926) vorgesehenen Elektro-Güterzuglokomotiven zur Beförderung des Bruttos*) genügt hätten, ergeben, daß nicht nur eine wesentlich höhere Gesamtzuglast, sondern auch eine erhöhte Zugzahl hätte bewältigt werden können, ohne hiebei eine Aushilfe aus dem Stande der zu dieser Zeit verfügbaren Schnell- und Personenzuglokomotiven heranzuziehen.

Der Lokomotivpark westlich von Salzburg weist 13 verschiedene Bauarten auf, die zum guten Teil aus der Anfangszeit der Elektrifizierungsaktion stammen, in der man noch keine verläßliche Erfahrung über die zweckmäßigsten Bauarten hatte, während für die Linie Wien—Salzburg die zehnjährige Erfahrung der Nachkriegszeit des In- und Auslandes zur Verfügung steht. Für diese Linie empfiehlt sich die Beschaffung von wenigen Typen robuster Bauart, was die Erzielung eines geringen Ausbesserungsstandes und damit hoher durchschnittlicher Jahresleistungen fördert. Dabei wird auch vorausgesetzt, daß bei der Neukonstruktion dieser Lokomotiven mehr wie bisher darauf gesehen wird, daß die zur Führung der Elektrolokomotiven dienenden Einrichtungen in der Anordnung im Führerhaus und in ihrer äußeren Ausgestaltung möglichst einheitlich gehalten sind.

Zur Ermittlung der *Anschaffungskosten* ist nebst der Feststellung des Preises der Triebwagenzüge das *Gesamtgewicht der Lokomotiven* zu bestimmen.

Seitens der Sachverständigen wurden für die Verkehrsgröße 1926 + 20% die Gewichte der Streckenlokomotiven — wie die folgende Zusammenstellung zeigt — nicht für die zur Zeit geforderten

---

*) In der Teilstrecke

Wien—St. Pölten	4.000 (3.150)	t	in	7	(7)	Zügen
St. Pölten—Amstetten	10.150 (6.000)	„	„	14	(11)	„
Amstetten—St. Valentin	8.000 (5.380)	„	„	10	(8)	„
St. Valentin—Linz	9.000 (5.980)	„	„	13	(9)	„
Linz—Wels	10.800 (6.280)	„	„	16	(11)	„
Wels—Attnang-Puchheim	6.600 (4.080)	„	„	10	(7)	„
Attnang-Puchheim—Salzburg	6.500 (4.270)	„	„	10	(7)	„

Zum Vergleich sind die gleichartigen Ziffern am verkehrsschwächsten Tag (11. Mai) des Jahres 1926 jeweils in den Klammern angegeben.

Leistungen und Fahrgeschwindigkeiten und mit geringem Achsdruck, sondern für einen Triebachsdruck von 18 Tonnen angenommen.

20	Stück	schwere Schnellzug-Lokomotiven	zu je 102 t	. . 2.040 t
31	„	leichtere Schnell-, Personen- und Gütereilzug-Lokomotiven	„ „ 80 t	. . 2.480 t
26	„	schwere Gütereilzug-Lokomotiven	„ „ 98 t	. . 2.548 t
23	„	leichtere Güterzug-Lokomotiven	„ „ 72 t	. . 1.656 t
27	„	Verschub-Lokomotiven	23 St. „ „ 55·4 t 4 „ „ „ 90·0 t	. 1.634 t
127	**Stück**	**Lokomotiven** mit einem **Gesamtgewicht** von . . .		**10.358 t**

Hinsichtlich der 26 schweren Gütereilzug-Lokomotiven sei erwähnt, daß diese mit Laufachsen geplanten Fahrzeuge für eine Fahrgeschwindigkeit von 60 **km/h** geeignet sein würden, die aber erst nach Einführung der durchgehenden Güterzugbremse voll ausgenützt werden könnte. Bis zur Einführung dieser Bremsart würden für den erwähnten Dienst durchwegs Güterzuglokomotiven ohne Laufachsen mit einem Gewichte von 72 t genügen, was sich in einer namhaften Verminderung des Gesamtgewichtes und Preises ausdrücken würde.

Die Preise für ein kg Lokomotivgewicht der zuletzt getätigten Lieferaufträge der Österreichischen Bundesbahnen bewegen sich zwischen 4·95 und 6·20 S/**kg**, welche Preise sich aber auf Bestellungen von wenigen Stücken bei einer Firma beziehen. Die Elektrofirmen haben in ihrem Elaborat den Durchschnittspreis mit 5·75 S/**kg** angegeben, und zwar auf Grund eines Gewichtsverhältnisses des mechanischen Teiles zum elektrischen von 54:46. Wird nun — wie seitens der Sachverständigen vorgeschlagen — der elektrische Teil in seiner Leistung und seinem Gewicht belassen und bei der Erhöhung des Achsdruckes nur der mechanische Teil verstärkt, so dürfte sich der Preis auf rund 5·45 S/**kg** vermindern. Weiters wird zur tunlichsten Vereinfachung in der Dienstabwicklung und zur Senkung des Preises eine weitgehende Gleichartigkeit der elektrischen Lokomotiveinrichtung und nach dem Muster neuerer elektrischer Bahnen eine möglichste Verminderung der Lokomotivbauarten für den gesamten Streckendienst empfohlen. (Z. B. Stockholm—Gothenburg eine Bauart mit zwei verschiedenen Zahnradübersetzungen, Paris—Orléans zwei Bauarten, und zwar 200 Stück B + B-Lokomotiven mit zwei verschiedenen Übersetzungsverhältnissen für 65 und 100 km Stundengeschwindigkeit und 5 Stück besonders schweren Schnellzugslokomotiven mit beiderseitigen Lauf-Drehgestellen). Schließlich ist zu berücksichtigen, daß die bei den österreichischen Lokomotiven zur Zeit vielfach übliche doppelte (Luftsauge- und Luftdruck-)Bremsausrüstung den Preis durchschnittlich mit S 14.000 je Lokomotive belastet. Wenn trotz alledem von den Sachverständigen der durchschnittliche Lokomotiv-kg-Preis mit S 5·60 eingesetzt wird, so ist darin sicherlich eine entsprechende Reserve enthalten. Ein Vergleich z. B. mit den Preisen der 1 C 1-Lokomotiven der Bahn Stockholm—Gothenburg ergibt bei einem Lokomotiv-Einzelgewicht von 75·5 t einen kg-Preis von nur S 5·25 *).

Die in der Denkschrift der Generaldirektion der Österreichischen Bundesbahnen mit S 635.500 angegebenen Investitionskosten für die Lieferung, beziehungsweise die elektrische Einrichtung eines Doppel-Triebwagenzuges wurde seitens der Sachverständigen — den tatsächlichen Verhältnissen entsprechend — auf S 760.000 erhöht; für einen Einfach-Triebwagenzug (= Halbzug) ergibt sich somit ein Betrag von S 380.000 (der im Elaborat der Elektrofirmen angegebene Preis von S 520.000 für einen Triebwagenzug ist auf Grund nicht zutreffender Voraussetzungen erstellt).

Es ergibt sich schließlich hinsichtlich der Elektro-Lokomotiven und -Triebwagenzüge samt Ersatzteilen für die Verkehrsgröße 1926 + 20% folgende

Kostenaufstellung.

127 Lokomotiven im Gesamtgewichte von 10.358 t zu je 5·60 S/kg	S 58,004.800
hiezu Ersatzteile (5% vom Neuwert der Lokomotiven) . . „	2,900.240
13 Doppel-Triebwagenzüge à S 760.000	9,880.000
13 Einfach-Triebwagenzüge à „ 380.000	4,940.000
hiezu Ersatzteile (4% vom Neuwert der Triebwagenzüge)	592.800
Summe	S 76,317.840
oder rund	76·3 Mill. S

*) Siehe Teknisk Tidskrift 1926 (Oeverholm).

Wert der erstmalig zu beschaffenden Ersatzteile für den neuen Elektro-Fahrpark.

Der Gesamtwert dieser Ersatzteile hängt sowohl nach der Erfahrung der Generaldirektion der Österreichischen Bundesbahnen als auch nach der vieler ausländischer elektrischer Bahnen von der Anzahl der Triebfahrzeuge, der Stärke des Betriebes und der Sorgfalt der Instandhaltung des Fahrparkes ab. Nach den statistischen Angaben verschiedener derartiger Bahnbetriebe kann der Wert der Ersatzteile in Prozenten vom Neuwert der Triebfahrzeuge angegeben werden.

Bei den Österreichischen Bundesbahnen sind diese Werte wegen der kurzen Betriebszeit und des noch nicht erreichten Beharrungszustandes in der Instandhaltung des elektrischen Fahrparkes noch keine endgültigen. Werden aus unrichtig angebrachtem Sparsinn zu wenig Ersatzteile bestellt, so ist die Folge, daß eine größere Zahl von Lokomotiven monatelang in Ausbesserung stehen muß. Andererseits ist eine Lagerhaltung von vielen kompletten Motoren, Transformatoren und Triebwerksteilen, die durch viele Jahre hindurch nicht gebraucht werden, auch nicht empfehlenswert, da das aufgewendete Kapital keine Zinsen bringt und viele Ersatzteile bei langem Lagern Schaden leiden können.

So wurde für die 16 Stück 1 C + C 1-Lokomotiven von B. B. C., von welchen drei noch in Garantie stehen, nach dem heutigen Anschaffungspreis, Material für den elektrischen Teil bestellt, das vom Neuwert der Lokomotiven auf ein Jahr bezogen, nur 1·4% beträgt. Für die in Einlieferung befindlichen E-Lokomotiven der A. E. G. machen die bestellten Reserveteile für den mechanischen und elektrischen Teil 3·3% vom Neuwert der Lokomotiven aus. Hiebei ist aber ein vollständiger Transformator, ein vollständiger Motor, ein Anker und ein vollständiger Radsatz mit komplettem Kandóantrieb inbegriffen. Für die E-Lokomotiven der S. S. W. betragen die bisher gelieferten Reserveteile für den elektrischen Teil auf ein Jahr bezogen 2·5%.

Bei den Lokomotiven der Bahnlinie Stockholm—Gothenburg, deren 1 C 1-Lokomotiven die größten bisher bekannten jährlichen Lauflängen über 160.000 km bei einer durchschnittlichen Leistung im

Schnell-, Personen- und Güterzugdienst (einschließlich des Ausbesserungsstandes) von 96.063 km aufweisen, betragen die jährlich erforderlichen Ersatzmaterialien für den mechanischen und elektrischen Teil 4·6% vom Lokomotivneuwert. Für die Lokomotiven der 314 km langen Strecke Wien—Salzburg, die mit Stockholm—Gothenburg gewisse Ähnlichkeit aufweist, sind aber wesentlich kleinere Lauflängen der Lokomotiven vorgesehen; daher müßte der obengenannte Betrag kleiner sein. Da aber die Instandhaltung unseres Lokomotivparkes den Grad der Vollkommenheit bei den schwedischen Staatsbahnen noch nicht erreicht hat, so soll für die Erstbeschaffung der Reserveteile der Sicherheit halber ein Betrag von 5% vom Neuwert der Lokomotiven und von 4% vom Neuwert der Triebwagen sowie der elektrischen Einrichtung der zugehörigen Beiwagen angenommen werden. Die Annahme eines Betrages von 5, beziehungsweise 4% für Ersatzteile, bezogen auf das Gesamtfahrzeug, bedeutet einen wesentlich höheren Prozentsatz für die Ersatzteile der rein *elektrischen* Einrichtung.

Hauptreferenten: **Findeis, Oerley, Rihosek, Schäffer, Scheichl, Wist.**

Begründung zu den Posten 4, 6, 9 und 11 der Kapitalsrechnung.

(Elektrische Wagenheizung, Wohnhäuser, Umgestaltung der Beleuchtungsanlagen, von Brücken, Übergangsstegen und Tunnels.)

Für diese Kosten haben die Sachverständigen die von den Bundesbahnen eingesetzten Beträge als angemessen befunden und daher unverändert beibehalten.

Begründung zu Post 5 der Kapitalsrechnung.

(Turm- und Draiswagen.)

Da die Sachverständigen zur Ansicht gelangt sind, daß für die Stromversorgung der Strecke Wien—Salzburg fünf Unterwerke ausreichend sind und die Fahrdrahterhaltungsarbeiter zweckmäßig in den gleichen Stationen wie die Unterwerke ihren Dienstort haben sollen, ergeben sich auch bloß fünf Standorte für die Turm- und Draiswagen. Es wurde daher eine geringfügige Verminderung der von den Bundesbahnen mit 0·9 Millionen Schilling angesetzten Kosten auf 0·8 Millionen Schilling als vertretbar angesehen.

Hauptreferent: **Findeis.**

Begründung zu Post 7 und 8 der Kapitalsrechnung.

(Bahnfernmelde- und Bundesfernmelde-Anlagen.)

Siehe Begründung zur Beantwortung der Frage 1, Seite 71.

Begründung zu Post 10 der Kapitalsrechnung.

(Umgestaltung der Zugförderungs- und Werkstättenanlagen.)

Obwohl die Linie Wien—Salzburg mit Werkstättenanlagen und Einrichtungen für den bisherigen Dampfbetrieb vollkommen ausgestattet ist, erheischt der einzuführende elektrische Betrieb doch einige wesentliche Umgestaltungen und Ergänzungen. Weiters ist in Linz für die Fahrbetriebsmittel westlich von Salzburg bereits eine Elektro-Hauptwerkstätte eingerichtet, die erweiterungsfähig ist. Die aus Anlaß der Elektrifizierung der Linie Wien—Salzburg zum heutigen Erhaltungsstande zuwachsenden Triebfahrzeuge entsprechender Bauart bei Ausnützung eines Achsdruckes von ungefähr 18 t beträgt etwa 150 Stück.

Unter der Annahme, daß bei Berücksichtigung außerprogrammmäßiger Fälle jedes Fahrzeug alle 5 Jahre in Hauptausbesserung kommt, sind jährlich ungefähr 30 Stück in der Hauptwerkstätte zu behandeln, während die laufende Erhaltung und Untersuchung in den den Zugförderungsstellen angegliederten kleinen Betriebswerkstätten Wien und Linz durchzuführen sein werden. Selbst bei dreimonatlicher Hauptausbesserungszeit je Fahrzeug kann ein Werkstättenstand vier Hauptausbesserungen im Jahr aufnehmen, so daß 30:4 ∼ 8 Stände samt zugehörigen Nebenanlagen zu ergänzen wären. Wird je Lokomotivstand einschließlich Nebenanlagen und deren Ausrüstung ein Betrag von rund 0·3 Millionen Schilling veranschlagt, so ergibt sich für die Ergänzung der Hauptwerkstätte Linz ein Betrag von rund 2·4 Millionen Schilling, für Umgestaltung der Lokomotivschuppen der verschiedenen Zugförderungsstellen 0·4 und für Ausgestaltung von zwei Betriebswerkstätten je 1·1 Millionen Schilling, somit 2·2 Millionen Schilling: insgesamt 5 Millionen Schilling.

Die Sachverständigen erachten, daß mit diesen Beträgen umsomehr das Auslangen gefunden werden kann, als bei der bedeutend verminderten Inanspruchnahme der Dampfbetriebsanlagen mit einer ziemlich weitgehenden Verwendung verwertbarer Werkzeugmaschinen und Einrichtungen zu rechnen ist.

Hauptreferenten: **Findeis, Schäffer.**

Begründung zu Post 12 der Kapitalsrechnung.

(Bauleitung und Bauaufsicht.)

Hiefür haben die Sachverständigen auf Grund einer Einigung der diesbezüglichen, zum Teil auseinandergehenden Meinungen den Betrag von 4 Millionen Schilling angesetzt. Hiebei wurde vorausgesetzt, daß hier größtenteils nur die Weiterverwendung von schon vorhandenem Personal der Elektrisierungs- und Generaldirektion, sowie der örtlichen Bauleitungen in Betracht kommt, so daß eine vollständig neue Aufstellung einer diesbezüglichen Dienstgruppe nicht eintritt.

Hauptreferent: **Findeis.**

Begründung zu Post 13 der Kapitalsrechnung.

(Bau- und Zwischenzinsen.)

Die Höhe dieser Post hängt naturgemäß von den Modalitäten ab, unter welchen der Wirtschaftskörper „Österreichische Bundesbahnen" das für die Elektrifizierung notwendige Investitionskapital erhalten kann. Wenn dieses Kapital, wie es den Anschein hat und auch bisher geschehen ist, in der Weise aufgebracht werden sollte, daß der Bund eine größere Anleihe aufnimmt und einen Teil derselben für Zwecke der Elektrifizierung an den Wirtschaftskörper „Österreichische Bundesbahnen" weiterleitet, so wird die Höhe der Zwischenzinsen wieder davon abhängen, in welcher Weise die einschlägige Verrechnung zwischen Bund und Bundesbahnen durchgeführt werden wird, — ob das Investitionskapital von den Bundesbahnen auf einmal übernommen und daher das ganze Investitionskapital für die ganze Bauzeit verzinst werden muß, oder ob es in mehreren, und in welchen, Raten abgehoben werden kann, ferner ob die Amortisationslast vom Zeitpunkte der Kapitalsübernahme oder erst vom Zeitpunkte der Eröffnung des elektrischen Betriebes von den Bundesbahnen getragen werden muß und ähnliches mehr. Die Bundesbahnen benötigen das Investitionskapital natürlich nur ratenweise und könnten bei ratenweiser Übernahme desselben an Zwischenzinsen erheblich sparen; hingegen wird der Bund wahrscheinlich genötigt sein, die Investitionsanleihe in größeren Tranchen zu begeben und infolgedessen bestrebt sein, die den Bundesbahnen zugedachten Quoten der Anleihe auch seinerseits tunlichst bald gegen Übernahme der ganzen Selbstkosten zuzuweisen, wodurch die Bundesbahnen mit der Differenz, die sich zwischen den zu zahlenden Anleihezinsen und den durch die kurzfristige Verleihung der zeitweise überschüssigen Kapitalien erzielbaren Aktivzinsen ergeben wird, in stärkerem Maße belastet würden. Weder die Höhe, noch die Dauer dieser kurzfristigen Verleihungen, noch endlich die Höhe der hiebei erreichbaren Verzinsung kann derzeit vorausgesehen werden.

Im einzelnen sei bemerkt, daß als „Bauzinsen" jener Zinsenverlust bezeichnet wird, der daraus entsteht, daß vom Tage der Verausgabung des Geldbetrages an bis zu jenem Tag, an welchem die Investition in Verwendung genommen und der Investitionsbetrag ertragbringend werden kann, stets ein gewisser Zeitraum verstreicht. Dieser Zeitraum ist natürlich nach der Art der Investition und nach den Zahlungsbedingungen für diese Investition sehr verschieden, da manche Investitionen eine lange Herstellungsdauer, sowie Vorauszahlungen erfordern, andere Investitionen hingegen kürzere Zeit in Anspruch nehmen und Ratenzahlungen oder gar erst Schlußzahlungen nach Fertigstellung der Arbeiten gestatten. Wird dieser Zeitraum im großen Durchschnitte mit nur sechs Monaten angenommen, so wären die Bauzinsen bei einem Investitionskapitale von 144 Millionen Schilling und einer Annuität von 8·26% mit rund . . S 6,000.000·— zu veranschlagen.

Als „Zwischenzinsen" wird jener Zinsenverlust bezeichnet, der sich daraus ergibt, daß der Anleiheerlös in einem früheren Zeitpunkt und in einem größeren Betrag übernommen und verzinst werden muß, als die Zahlungen für die Investitionen zu leisten sind, dieser Mehrbetrag aber in der Zwischenzeit fruchtbringend — jedoch nur zu ungünstigeren als den Anleihebedingungen — verwertet werden kann. Nimmt man an, daß das Investitionskapital von 144 Millionen Schilling auf ein-

mal übernommen werden muß, aber erst während dreier Jahre gleichmäßig mit je einem Drittel in der Mitte jedes Jahres verausgabt und in der Zwischenzeit mit 4% verwertet wird, so würde sich ergeben, daß der um die Tilgungsquote vermehrte Zinsenverlust von 4·26% (gegenüber der angenommenen Anleiheannuität von 8·26%) durch $^1/_2$ Jahr für das ganze Kapital, durch ein Jahr für zwei Drittel und durch ein weiteres Jahr für das restliche Drittel zu tragen wäre. Die Zwischenzinsen würden in diesem Falle rund ...... S 9,500.000·—,
die oben ausgewiesenen Bauzinsen rund .... „ 6,000.000·—,
zusammen also .... S 15,500.000·—
ausmachen.

Hauptreferenten: **Gerbel, Oerley, Reisch.**

Begründung zu Post 14 der Kapitalsrechnung.

(Unvorhergesehenes.)

Siehe Begründung zur Beantwortung der Frage 4, Seite 81.

Begründung zu Post 15 der Kapitalsrechnung.

(Rückgewinn aus freiwerdenden Dampflokomotiven.)

Siehe Begründung zur Beantwortung der Frage 7, Seite 85.

D.

Begründungen zur Vergleichsrechnung.

Begründung zu Post 1 der Vergleichsrechnung.

(Lokomotivbrennstoff.)

Siehe auch die Begründung zur Beantwortung der Frage 8.

Der Wert des Brennstoffes für den Dampfbetrieb auf der Linie Wien—Salzburg bei Annahme der Verkehrsstärke 1926 + 20% errechnet sich bei Annahme des seitens der Generaldirektion der Österreichischen Bundesbahnen ermittelten und von den Sachverständigen als zutreffend anerkannten Verbrauches (319.000 t NK) und Durchschnittspreises einschließlich Beförderung zur Lokomotivausrüstestelle (S 23·86 für die t NK) mit

319.000 × 23·86 = **7,611.000 S.**

Begründung zu Post 2 der Vergleichsrechnung.

(Kesselspeisewasser.)

Die hiefür von den Bundesbahnen als auch der Elektroindustrie angenommene Ziffer von 123.000 Schilling wurde unverändert von den Sachverständigen übernommen.

Begründung zu Post 3 der Vergleichsrechnung.

(Stromkosten.)

Siehe Begründung zur Beantwortung der Frage 9, Seite 95.

Begründung zu Post 4 der Vergleichsrechnung.

(Kohle für den verbleibenden Dampfverschub.)

Die Brennstoffkosten für den Betrieb der 16 Dampfverschublokomotiven, die nach dem Vorschlage der Sachverständigen auch nach der Elektrifizierung der Strecke Wien—Salzburg in Verwendung bleiben, errechnen sich wie folgt:

Bei einem Ausbesserungsstande von 20% stehen 13 Dampfverschublokomotiven im Dienst. Diese verbrauchen täglich rund je 2 t NK, somit jährlich 2 × 365 × 13 = 9490 t NK. Die hiefür auflaufenden Kosten betragen unter Anwendung des für die Linie Wien—Salzburg und für das Jahr 1926 seitens der Generaldirektion der Österreichischen Bundesbahnen ermittelten und von den Sachverständigen als zutreffend anerkannten Durchschnittspreises loko Heizhaus (S 23·86 je t NK) insgesamt 9490 × 23·86 = S 226.000·—.

Hauptreferenten: **Rihosek, Schäffer.**

Begründung zu Post 5 der Vergleichsrechnung.

(Betriebskosten für Leitungen und Unterwerke.)

Die Unterhaltungskosten der Unterwerke und Fahrleitungen betragen laut Denkschrift des Vorstandes der Österreichischen Bundesbahnen bei Annahme von sechs Unterwerken S 700.000·—. Bei Annahme von fünf Unterwerken sind diese Kosten kleiner; sie werden von den Sachverständigen auf S 550.000·— geschätzt.

Begründung zu Post 6a der Vergleichsrechnung.

(Personalkosten.)

Siehe Begründung zur Beantwortung der Frage 11, Seite 131.

Begründung zu Post 6b der Vergleichsrechnung.

(Instandhaltung und Reparatur des Fahrparkes.)

Siehe Begründung zur Beantwortung der Frage 10, Seite 125.

Begründung zu Post 6c der Vergleichsrechnung.

(Instandhaltung des Oberbaues.)

Hiefür rechnen die Bundesbahnen zu Lasten des elektrischen Betriebes mit einem jährlichen Betrag von 0·3 Millionen Schilling und begründen dies mit der Notwendigkeit größerer Sorgfalt für die Erhaltung der richtigen Lage der Gleise unterhalb des Fahrdrahtes. Die Elektroindustrie setzt hingegen einen Betrag von 0·15 Millionen Schilling zu Gunsten des elektrischen Betriebes mit dem Hinweis auf den ruhigeren Gang der Lokomotiven und Erzielbarkeit besserer Kurvenbeweglichkeit. Die Sachverständigen erkennen beiden Begründungen eine gewisse Berechtigung zu, glauben jedoch, daß die beiden genannten Einflüsse auf die Oberbauerhaltung sich ziemlich ausgleichen werden und haben daher für diese Post k e i n e n Betrag eingesetzt.

Hauptreferent: **Findeis.**

Begründung zu Post 6 d der Vergleichsrechnung.

(Putz- und Schmiermittel.)

Die Bundesbahnen rechnen für den bestehenden Dampfbetrieb mit einem Erfordernisse von .... S 535.000·—
und die Elektrofahrzeuge mit.................... „ 240.000·—,
welches auch von der Elektroindustrie in ihre Rechnung eingestellt wurde. Da die Sachverständigen ihrem Gutachten einen Fahrpark von geringerer Stückzahl gegenüber den Bundesbahnen zu Grunde legten, haben sie auch den Verbrauch an Putz- und Schmiermaterial für den Elektrobetrieb auf etwa S 200.000·— verringert und daher den Unterschied für beide Betriebsarten mit .... S 336.000·—
eingesetzt.

Hauptreferent: **Findeis.**

Begründung zu Post 7 der Vergleichsrechnung.

(Erneuerung des Fahrparkes.)

Wie schon auf Seite 9 und 10 der Einleitung ausgeführt, kann von richtiger Rentabilitätsermittlung eines Unternehmens nur dann gesprochen werden, wenn unabhängig von den Auslagen für die jeweils erforderlichen Reparaturen auch auf die durch den Betrieb eintretende Wertverminderung der Betriebsgegenstände — bei Eisenbahnen also insbesondere des Fahrparkes — entsprechend Rücksicht genommen wird. Die Sachverständigen haben daher sowohl für den Dampf-, wie für den elektrischen Betrieb die nach ihrer Überzeugung angemessenen Beträge für die Entwertung, beziehungsweise Erneuerung des Fahrparkes eingesetzt. Sie sind hiebei von der Tatsache ausgegangen, daß dem Dampfbetriebe derzeit nur die Erhaltung der vorhandenen Dampflokomotiven, die ein durchschnittliches Alter von etwa 15 Jahren ausweisen, zur Last gerechnet werden könne. Bei Annahme einer durchschnittlichen Gesamtlebensdauer der Lokomotiven von 30 Jahren kann der jetzige Zustand der Lokomotiven sohin erhalten werden, wenn jedes Jahr ein Dreißigstel des Lokomotivparkes durch neue Lokomotiven ersetzt wird, das heißt, wenn zu Lasten der Erträgnisse des Dampfbetriebes alljährlich für ein Dreißigstel des Lokomotivparkes neue Lokomotiven effektiv in den Betrieb gestellt werden. Eine Fondsbildung durch Ansammlung der Erneuerungsquoten kann hier nicht stattfinden, weil die Erhaltung des gegenwärtigen Durchschnittsalters der Dampflokomotiven nur möglich ist, wenn tatsächlich alljährlich eine entsprechende Anzahl neuer Lokomotiven eingestellt wird. Dies erfordert sohin Aufwendungen in der Höhe von rund 3·33% des Neuwertes der Dampflokomotiven und der übrigen in Betracht kommenden Fahrbetriebsmittel, wie er sich aus der Begründung zur Beantwortung der Frage 7 mit rund S 48,300.000·— ergibt. Daher wurde die für den Dampfbetrieb in Betracht kommende Erneuerungsquote in die Vergleichsrechnung mit dem Betrage von S 1,610.000·— eingesetzt.

Beim Elektrofahrparke liegen die Verhältnisse insoferne anders, als dieser Park ja aus ganz neuen Triebfahrzeugen bestehen wird, so daß eine effektive Ersatznachschaffung für längere Zeit nicht notwendig und daher die Bildung eines Erneuerungsfonds möglich sein wird, der zwischenzeitig fruktifiziert und dadurch aus sich heraus eine Stärkung erfahren kann. Aus dieser Erwägung erschien es den Sachverständigen angemessen, während der ersten 30 Jahre für die Zwecke der Vergleichsrechnung (siehe auch Einleitung Seite 10) die Erneuerungsquote für den Elektrofahrpark einschließlich Turmwagen und Anteil am „Unvorhergesehenen" mit nur der Hälfte der Erneuerungsquote, sohin mit zirka 1·7% von rund 77·7 Millionen Schilling, das ist mit S 1,320.000·— einzusetzen*). Nach 30 Jahren muß aber auch für den Elektrofahrpark weiterhin die volle Erneuerungsquote, also der doppelte Betrag, in Rechnung gestellt werden, was in Post 11 der Vergleichsrechnung auch berücksichtigt worden ist.

Hauptreferent: **Reisch.**

Begründung zu Post 8 der Vergleichsrechnung.

(Unterschied im Aufwand für die Erneuerung der Wasserbeschaffungs- und Bekohlungsanlagen, beziehungsweise der Leitungen und Unterwerke.)

Der Aufwand für die Erneuerung der Wasserbeschaffungs- und Bekohlungsanlagen im Dampfbetrieb stellt in der Vergleichsrechnung eine Post der entfallenden Betriebskosten dar, während der Aufwand für die Erneuerung der Leitungen und Unterwerke im elektrischen Betrieb eine Post der zuwachsenden Betriebskosten darstellt. Die Sachverständigen sind nun der Meinung, daß ein nennenswerter Unterschied zwischen diesen beiden Erneuerungsquoten nicht besteht.

---

*) Die Sachverständigen Scheichl und Wist nehmen hiezu folgende etwas abweichende Stellung ein:

Die elektrischen Lokomotiven werden gleichzeitig beschafft und werden daher auch gleichzeitig zu ersetzen sein. Die in der Vergleichsrechnung für die elektrischen Lokomotiven eingestellte jährliche Erneuerungsrücklage entspricht bei der angenommenen Lebensdauer der Fahrzeuge von 30 Jahren einem Zinsfuße von kaum 4%. Diese Annahme halten die genannten Sachverständigen für zu vorsichtig. Sie sind der Meinung, daß in Anbetracht der Anleihebedingungen ein Zinsfuß von 7% erzielbar ist.

Begründung zur Post 9 der Vergleichsrechnung.

(Verzinsung und Tilgung des neuen Anlagekapitals.)

Der Jahresaufwand von S 11,894.000·— entspricht einer 8·26%igen Annuität von dem in der Kapitalsrechnung ermittelten Investitionskapital von S 144,000.000·—, wobei in Übereinstimmung mit den Ausführungen der Bundesbahnen von der allerdings rein schätzungsweisen Annahme ausgegangen wird, daß sich die Nettoverzinsung der aufzunehmenden Anleihe auf etwa 7·3% und die Laufzeit der Anleihe auf 30 Jahre stellen wird.

Hauptreferent: **Reisch.**